Unbuilt Architecture 지어지지 않은 건축

'젊은' '건축가' 그리고 '과정'

심영규

'Young' 'Architect' and 'Process'

Shim Youngkyu

‘젊다’는 것에 대한 정의

젊은 건축가를 정의하는 단어인 ‘젊다’는 단어는 모호하다. 현재 ‘젊은 건축가상’ 지원 조건을 만 45세 이하라고 정하고 있지만 평생 40년 넘게 건축을 해오면서 젊다고 자처하는 건축가도 있고, 역대 수상자 중엔 사무실을 개소한지 15년이 넘은 중견 건축가도 있다. 이 단어를 물리적인 나이나 조건으로 한정지을 수 없는 이유다. 단지 올해 선정된 사람들의 면면을 통해 이 상의 성격을 살피고 의미를 지울 수 있다. 건축사사무소 에스오에이는 사무실을 개소한지 이제 4년이 지났다. 그동안 단행본을 내고 다양한 전시 활동을 했지만 완공작은 지난해 토끼집이 전부다. 이엠에이 건축사사무소의 이은경 역시 오랜 수련 과정을 거쳐 사무실을 낸지 4년 밖에 안됐다. 최근 완공작인 가양동 협동조합형 주택과 만리동 협동조합형 주택 등을 볼 때 성격과 방향을 읽을 수 있다. 조진만은 좀 독특하다. 다양한 문화적인 배경과 다국적의 대형 사무소의 크고 작은 스케일의 실무를 경험했지만 완공된 건축작업은 지난해 층층마루집 뿐이다. 겉으로 드러난 이들의 공통점은 나이게 비슷한 정도일 뿐이고 아직 작업이 많지 않다는 점 정도다. 반면 그렇기 때문에 정형화된 건축 방향을 가지고 있지 않고 계속적인 변화를 시도하고 있다는 점도 비슷하다. 지어진 것보다 컴퓨터 하드디스크 구석에 처박혀있는 계획안이 훨씬 많다. 즉 이들에겐 과거보다 미래에 더 가성성이 있다.

‘건축’에 대한 정의

‘건축’은 무언가를 짓는 행위다. 그러나 건축가는 직접 짓지 않는다. 대신 기획을 한다. 책을 기획하는 것 또한 무언가를 짓는 것이다. 직접 디자인을 하고 판을 짜고 인쇄기를 돌리지 않지만 기획자는 일종의 책을 짓는 행위를 한다.

나는 이 책의 기획을 맡으며 몇 가지 고민을 했다. 이 활자가 누구에게 읽힐 수 있고, 어떤 의미를 전달해야 할까? 어떻게 읽혀야 하는가? 이 책의 역할은 무엇인가? 오래 고민했지만 단지 기존의 젊은 건축가 책에 대한 접근 방법에 작은 변화를 주고 싶었다.

그 이유는 작품집이 아니라 조금 더 많은 독자에게 읽혀질 수 있는 내용이면 좋겠다고 생각했기 때문이다. 이 책은 홍보의 목적이 아니라 젊은 건축가들이 어떻게 왜 이런 건축을 하는지 많은 독자와 대화를 하자는 일종의 ‘장’인 셈이다.

‘과정’에 주목하는 이유

그래서 3가지를 결정했다.

첫째, 구성의 변화다. 지금까지 전부 건축가 개인별로 구성했다. 가장 합리적인 방법이다. 그들이 주인공이었기 때문이다. 그러나 아직 대중적인 인지도나 관심을 받고 있지 못한 가운데 너무 인물 중심으로 구성하면 오히려 독자에게 불편함을 줄 수 있다. 그래서 내용 중심의 구성을 했다. 단지 순서를 바꾼 것일 수도 있지만 현 시점의 고민과 시대상을 보여줄 수 있는 효과적인 방법이라고 생각한다.

둘째, 내용중심으로 구성하며 필자 선정이 중요해졌다. 좀 더 대중을 배려한 텍스트를 만들기 위해 2명의 필자를 모셨다. 지금까지 필자들은 대부분 건축

평론가나 건축 전문 기자였던 반면 대중적이면서도 전문성 있는 필자 두 명을 섭외했다. 잘 알려진 대로 박해천 교수는 『아파트 게임』, 『콘크리트 유토피아』등 아파트를 중심으로 주거에 대한 사회, 경제적 분석을 해왔는데, 최근 출판한 『확률가족』은 베이비 붐 세대와 그들의 자녀인 에코세대가 아파트 시대 이후 어떻게 주거 대안을 만들어 가는지 고민한다. 특히 이번 젊은 건축가상 수상자들은 모두 에코세대 건축가인데 앞으로 상대할 건축주는 새로운 대안으로 주거를 마련해야 하는 에코세대일 가능성이 높다. 이런 측면에서 건축가들이 어떻게 시장을 리드하며 돌파구를 찾을 수 있는지 힌트를 줄 수 있는 기회가 될 것이다.

디자인 · 미술평론가 임근준을 섭외한 것은 새로운 시도다. 일반적으로 건축가들은 완공작에 관심이 많다. 이유는 건축가의 이상인 계획안이 어떻게 현실을 만나 바뀌고 좌절하는지 직시할 수 있기 때문이다. 이 말은 언빌트 프로젝트가 건축가에게 현실을 삭제하고 그들의 숨겨진 욕망을 볼 수 있는 기회가 된다는 의미다. 젊은 건축가에게 언빌트 프로젝트가 중요한 이유는 바로 이것이 아닐까. 처음엔 미술과 만나는 공공프로젝트에 대한 글을 맡기려다가 결과적으로 언빌트 프로젝트로 결정됐다. 크고 작은 스케일의 설계안 중에서 건축가의 순수한 망상이나 꿈, 야망에 관한 재미있는 글이 나왔다.

셋째, 과정의 기록이다. 우리는 현재를 살아가면서 동시 과거를 살아간다. 이 책이 세상에 빛을 보는 순간은 과거의 한 지점이고 물리적인 책으로 남는 순간 미래의 어떤 독자와 만나게 될 것이다. 우리가 현재를 살며 늘 과거와 미래를 같이 생각해야 하는 이유다.

그동안 전문지 기자로서 바라본 건축은 늘 완성된 결과였다. 완공 후 입주 전 가장 완벽한 순간의 찰나를 잡는다. 그 시간 가운데서도 가장 빛이 좋은 1/120초만 이미지로 담는다. 그 이미지의 건물이 실제 구축되기 위해서는 그 보다 수십만 배의 시간이 필요하다. 결국 그 오랜 노고가 있었기에 찰나도 존재한다. 두 가지를 모두 중요하게 봐야하는 이유다. 이 책이 하나의 건축이라면, 이 집이 완성되어가는 과정을 담아야 한다고 생각했다.

하나의 책이 어떻게 건축되어 지는지 시간을 들여다 본다면 결과물도 달라 보일 것이다. 수 차례 회의와 방향선회 그리고 집필과 수정과 디자인 그리고 인쇄 과정만으로 단순하게 분화할 수 없는 수백 가지의 과정을 다시 단순화해서 타임라인으로 구성했다. 그 흐름을 읽는 것만으로도 이 책의 가치가 더 있을 것이다.

이제 세 가지 의도가 어떻게 완성돼서 독자들에게 전달될지는 이미 나의 손을 떠났다. 상투적인 것을 피하고 싶지만 이 즈음에서는 상투적으로 감사 말을 해야 할 많은 사람들이 떠오른다. 구구절절 이름을 대지 않고 마음을 전하는 것으로 상투성을 피하고자 한다.

10월 9일 심영규

Definition of 'young'

The word 'young' when defining young architects is an ambiguous one. Although the 'Korean Young Architects Awards' qualifies any architect under the age of forty-five, some architects consider themselves to be young in spite of practicing for more than four decades, and there have even been previous winners who are senior architects with more than two decades of practice with their own office. This is why physical age and condition feel like false limitations. Only the details of this year's winners can reveal the nature of this award and give meaning to it. Only four years have passed since Society of Architecture(SoA) opened their office. Despite publishing a book and participating in various exhibitions, they just completed their first building the Rabbit last year. Lee Eunkyung, the head of EMA Architects & Associates also started her office just a few years ago after a long training period. Recent completed works such as Gayang-dong Cooperative Public Housing and Malli-dong Public Housing shows the nature and direction of the office. Jo Jinman Architects is a more unique case. Though he has multi-cultural background and experienced large and small scale practices in a multinational large firm, Layered Terrace House was completed only last year. On the surface it would seem that their age and their budding portfolios are the only things they have in common. But perhaps this is also why it is notable that all three architects avoided being fixed in any particular architectural direction and instead have striven for constant change and growth They have more plans stored in hard disks than completed works. In other words, their work exists more in the future than in the past.

Definition of 'architecture'

'Architecture' is the act of building something. But architects are not builders. They are planners. Planning a book is also to build something. Though editors don't personally make a design, plan a layout, or run a printer, editing is also part of building a book.

When taking charge of planning this book, I considered the following. When this text is read what meaning should it deliver? How should it be read? What is the role of this book? After long consideration, I decided on making just a few small changes to the conventional approach of traditional books about young architects.

The reason was that I hoped the contents of this book would appeal to a broader range of readers than a straightforward portfolio might. This book is not planned as promotional material but as a kind of 'field' to encourage many readers to have a conversation about why and how young architects build the things they do. Previous editions of the book focused on a protagonist-centric layout and language, with an emphasis on the architects themselves.

Why to pay attention to 'process'

I therefore decided on three things.

First, I changed the format. Generally the book has been arranged according to individual architects. This was reasonable as the architects are the main feature of the book. However, it also seemed as though focusing on architects still unfamiliar to the general public may not be appealing to wider audience. So I decided to choose a content-centered format. Though it is only a change in order, I think it is an effective method for relaying the zeitgeist and current issues

Secondly, a content-centered format makes the choice of author more important. Two authors were invited to make the text more engaging for the general public. Until now, architecture critics or architecture reporters were invited as contributors. For this edition two authors both public and specialized were commissioned. As is well known, professor Park Haecheon has carried out social and economic analysis of residence focusing on apartments such as *Apartment Game* and *Concrete Utopia*, and has recently published *Probability Family* examining how baby boomers and their children, echo-boomers, seek alternative residential solutions after the apartment era. His work is particularly apposite as this year's Young Architects Awards winners are all architects belonging to the echo-boomer generation and their clients are also likely to be echo-boomers requiring alternative residences. In this respect, this is an opportunity to give architects a hint on how to lead the market and to find a breakthrough.

Commissioning the art critic and design Geun-Jun LIM is a new departure. Architects are usually interested in completed works because they can see how their planned proposals, encountering reality, are changed and frustrated. This means that un-built projects are an opportunity for architects to delete reality and see their hidden desires. Perhaps this is why un-built projects are important for young architects. At first, the original commission to write on a public project related to fine art became a study in un-built projects. His article is a fascinating examination into the purity of the delusions, dreams and ambitions of architects, revealed in both large-scale and small-scale proposals.

Thirdly, we documented the process. Even as we live in the present, we are also always in the past. The moment this book is published it will become a point in the past and in the moment it becomes a physical book it will meet its future readers. This is why we always have to think of both the past and the future even as we live in the present.

As an architecture reporter, I observe architecture in its completed state. I catch the perfect moment just after completion and just before occupation. And of that perfect moment, the image I record is of that 1/120 of a second when it catches the best light. Constructing the building in that final image requires hundreds of thousands more hours than that. It is, ultimately, the result of long, hard hours of labor. I feel that both these aspects deserve attention. If this book is to be compared to architecture, it seems appropriate that its process of completion should also be documented.

If we spend time observing how a book is being constructed, the result will seem different. Hundreds of processes that can't simply be categorized as meetings, changes in direction, writing, editing, design, and printing are, nevertheless, simplified and arranged according to a chronology. This flow of the chronology will hopefully create more value for the reader.

Now whether these three intentions have been satisfactorily completed and delivered to readers is a matter that is already out of my hands. Though I would like to avoid cliché, there are so many people that I find myself wishing to thank in all the traditional timeworn phrases. I will avoid cliché by expressing my appreciation without writing out all their names.

Oct. 9th Shim Youngkyu

Unbuilt Architecture

지어지지 않은 건축

지어지지 못한 건축에 임베드된 어떤 꿈: 건축을 사랑했지만, 치과의사가 된 OO에게 부치는 편지

임근준
(필명: 이정우)
디자인·미술 비평가

A Dream Imbedded Into Unbuilt Architecture: A Letter to K, the Dentist Who Loved Architecture

Chungwoo LEE
aka
Geun-jun LIM
Art and design critic

안녕하세요? 잘 지내고 있나요? 자리를 옮긴 치과는 운영 사정이 괜찮습니까? 벌써 2015년도 저물어갑니다. 내년이면 우리가 서로 알고 지낸 지 벌써 20년이 됩니다. 처음 봤을 때 당신은 서울대학교 건축학과 학부생이었습니다. 나는 한창 LGBT 인권운동이다 전시다 해서 바쁘게 활동하고 있었죠. 당시 건축과 친구들과 함께 차렸던 공동 작업실도 기억납니다. 1996~7년만 해도 건축(학)은 각광받는 전공이었어요. 서울대 공대에서 수능 합격선이 가장 높았던 시절이죠. 1997년도엔 서울대 건축과의 합격선이 의대에 육박했던 것도 기억합니다. 한국 건축계의 세대교체는 시간 문제라고 확신했습니다. 유능한 수재들이 몰리니, 머잖아 진일보한 방법론으로 무장한 신진 건축가들이 나타나 백화만방의 시기를 꽃피우리라 기대했죠. 당신이나 나나, 새로운 당위론에 발목이 잡힌 한국 당대 건축의 세대 정치화 양상을 혐오하고 또 낮게 평가했더랍니다.

당시 OO씨를 비롯한 건축과 학생들은 렘 콜하스의 '커피 테이블 북'을 들춰보려 나름 새로운 방법론을 이해하려 노력도 하고, 또 고루한 모더니즘의 공간 구성을 고집하는 교수님들의 교수법에 불만을 토로하거나 반기를 들어보기도 했죠. 외부 강사의 수업 가운데에선 유걸 선생님의 수업이 가장 흥미롭다고 했던 것도 기억납니다. 수강생들이 이상한 망상을 펼쳐도 그에 귀를 기울이고 망상의 설계물화에 힘을 실어주는 사람이라고 했죠. 그러고 보니, 제가 건축과 학생들끼리의 답사에 어부지리로 함께 했던 것도 여러 번이었군요. 어쩌면, 1997년 9월 내가, 도시 지역 기반의 조사·연구 작업을 개인 프로젝트로 시작·지속하게 된 배경에, 당시의 답사 경험이 영향을 미쳤는지도 모르겠네요. 돌이켜보면, 나름 무식을 면하려고 애를 많이 썼더랬습니다. 한데, 1997년 연말의 IMF 체제는 모든 것을 뒤바꿔놓았습니다. 나는 그 몰락과 적응의 과정을 조사·연구 작업을 통해 이해하고 또 견뎌냈습니다.

그래픽디자이너로서의 활동을 접은 나는 대학원 생활에 적응해 몇 년간 도서관과 필드를 오가며 연구와 실험적 창작을 지속했고, 1999년 졸업논문을 완성하고 다시 사회생활을 시작할 즈음, 당신은 사랑했던 전공을 때려치웠습니다. 치대로 편입하려 한다는 말을 처음 들었을 때, 나는 겉으로 티는 내지 않았지만, 내심 깜짝 놀랐습니다. 세상 물정에 어두운 나였기에, '치과의사가 그리 좋은 직업인가?' 하는 의문도 들었고, '기왕 전공을 바꿀 거면 의대로 가지 왜?'하는 철모르는 생각을 하기도 했습니다. 부친의 사업체가 부도를 맞은 이후 외아들인 당신이 꽤 큰 심리적 압박을 느꼈다는 것은 알았지만, 그게 꿈을 접을 정도로 큰일이라고는 생각하지 않았던 터였습니다. 당시 전공을 바꾼 수재들은 한둘이 아니었습니다. 1970년대 중반에 태어난 서울대생들의 전공 이동은 거의 '자연 다큐멘터리' 같았죠. 다들 애써 여유를 부렸지만, 필사적인 면이 있었습니다. 의대로 편입한 친구도 있었고, 고시에 인생을 건 친구도 있었지만, 역시 제 주변엔 치대를 선택한 경우가 가장 많았습니다. 그래, 당신은 치과의사로 사는 삶에 얼마나 만족합니까? 나는 일전에 당신이 종로 술자리에서 한 말을 후회한다는 뜻으로 들었습니다. 얼마 전에 우연히 만난 OO이는 의사가 된 것을 후회하지는 않는다고 힘줘 말했습니다. 인생은 짧은데 또 길죠. 예나 지금이나 나는 친구들의 행복을 빌지 않습니다. 대신 친구들이 언제 어떤 상황에서나 꿈과 이상을 찾아내기를 기도하죠. 행복은 꿈과 이상을 추구하는 일의 부작용이라고 확신합니다. 지금이라도 건축과 관련해 어떤 일을 시도해보는 것은 어떻습니까? 당신에겐 아버지에게 물려받을 약간의 고향땅이 있잖아요? 마흔의 나이에 '건축학개'론 찍을 일 있느냐고요?

최근 2015년 젊은건축가상 수상자들을 만나 인터뷰할 기회가 있었습니다. 2004년 조민석을 만나 딸기테마파크에 대한 평문을 쓸 때와는 또 사뭇 다른 기분이 들었습니다. 그리고 당신이 이들과 함께 새로운 세대를 이뤘을 수 있었겠다는 데에 생각이 미치자, 몹시 심란해졌습니다. 조진만, 이은경, 건축사사무소 에스오에이의 이재원, 이치훈, 강예린을 만나 작업에 관해 묻고 답하는 동안, 단 하나의 질문이 계속 머릿속을 맴돌았습니다. "역사의 거울아 거울아, 그는 지속 가능한 건축설계사사무소의 모델을 제시하는 일에 성공해 기대 감소 시대의 참조적 표상이 될 수 있겠니?" 그렇다면, 미술·디자인 평론가로서 내가 보고 싶었던 것은 무엇일까요? 내가 보고 싶었던 것은 이들을 추동하는 망상이었습니다. 과연 어떤 망상이 난관에도 불구하고 건축을 포기하지 못하도록 그들을 지금까지 붙잡았을까요? 당신이 포기한 꿈은 왜 당신을 끝까지 붙잡지 못했을까요? 자라날 기회를 얻지 못한 당신의 건축적 망상은 어떤 모습으로 남아 있습니까?

어떤 건축적 망상: 구현되더라도 온전히 구현되지는 못하는

'망상'이라고 하면, 사람들은 부정적으로 받아들이기 일쑤입니다. 하지만 현대건축이나 현대디자인은 기본적으로 망상에 관한 것이죠. 공상이나 허상이라고 해도 되겠지만, 어떤 힘에 홀려서 함부로 상상해버린 형태나 공간을 이야기하기엔 망상이란 단어가 제격입니다. 뉴욕 현대미술관 학예실의 제2대 디자인 분과장이었던 에드가 코프먼 주니어는 1950년 발간한 미술관 소책자 『현대 디자인이란 무엇인가?』에서 "현대 디자인은 우리 삶의 방식, 우리 능력, 우리 이상에 걸맞은 오브제를 계획하고 만드는 일이다"라는 정의를 제시한 바 있죠. 그가 어떤 현대적 가치에 부합하는 형태를 추구하는 대서사적 망상을 담은 인공물을 가리고 가려 '굿디자인'으로 제시했을 때, 사람들은 그 개별 형태에 추동됐던 것일까요? 아니면, 그것이 설파하는 기투(企投/Entwurf)적 망상에 추동됐던 것일까요?

인공물에 인간의 정념을 깃들게 하는 방식은 신석기 시대 이래 꾸준히 발전해왔습니다만, 역시 가장 큰 변환점은 르네상스 때였을 겁니다. 원근법의 발전과 함께 '디세뇨(disegno)'라는 개념이 창안되며, 고안과 제작 노동을 분리할 수 있게 되고, 이후 건축과 미술과 공예는 공히 크게 발전했습니다. 당연히 비언어적 인공물을 작품 삼아 비평하는 방식도 그에 맞춰 발전했습니다만, 이 디세뇨를 비평 차원에서 읽어내는 방식은 대단히 늦게 출현했습니다. 미술사를 현대적 학문으로 발전시킨 인물로 꼽히는 아비 바르부르크는 '정념정형(Pathosformel)'이라는 개념어를 제시해 인공물에서 정신 활동을 읽어냈죠. 물론 여기서 말하는 정념은 작가의 의도만 뜻하는 게 아니라, 작가를 통해 구현된 동대의 시대정신이나 대를 이어 내려오는 역사적 영향 등을 모두 포괄하는 것이었습니다. 정념정형이란 개념에 부합하는 연구 시스템으로 바르부르크는 '므네모시네 아틀라스(Mnemosyne Atlas)'라는 이미지 지도를 제시했지만, 이러저러한 이유로 실패합니다. 이후 이를 이어받아 보다 논리적 연구 방법론인 도상해석학을 주창한 이가 에르빈 파노프스키라면, 보다 입증 가능한 방식으로 양식사 연구 방법론을 확립한 이는 하인리히 뵐플린이었죠. 그런데 정념정형이라는 구식 틀로 건축을 보면 어떨까요? 도상해석학처럼 건축을 텍토닉이나 공간 구현의 템플릿 단위로 해석하면요? 자연스럽게 기존의 양식사적 건축사 연구에서 벗어나 더 원초적인 것들을 볼 수 있습니다.

물론, 로버트 벤투리와 데니스 스캇 브라운 등이, 1966, 1968년 라스베이거스의 버내큘러 건축을 인류학, 기호학의 시선으로 탐구하고 그 성과를 『라스베이거스의 교훈: 건축적 형태의 망각된 상징주의』(1972/1977)로 출간해 모더니스트 건축의 궤도에서 벗어날 방법을 널리 제시한 바 있고, 또 렘 콜하스는 자신의 저서 『정신착란증의 뉴욕: 맨해튼을 위한 반동적 선언문』(1978/1994)에서 마천루의 도시 맨해튼의 현대 건축문명을 건축 민속학의 탐구 대상으로 삼아 재해석해 포스트모던 건축의 문법을 심화·발전시킬 이론적, 실무적 발판을 마련한 바 있으니, 꼭 새로운 시도는 아닙니다. 특히 살바도르 달리의 '편집증적 비평 방법'으로 건축을 독해한 콜하스는, 다음과 같은 요상한 얼개로 모더니즘을 재평가하고 또 제 창작 방법론의 알리바이를 창안했죠. "우선 편집증 환자가 세계를 바라보는 방식을 새로운 시각에서 복제한다. 편집증의 세계를 '관광'하고, 그로부터 '기념품'들을 수집하는 것이다. 이어 그 상상적인 수집품들을 리얼리티의 임계점에 이르도록 압축해, 사실과 동일한 밀도를 획득하게 한다. 그러면, 결국 그 편집된 망상은 '현실'이 된다." 콜하스의 건축에서 반복되는 기이한 매스의 형태는 바로 그런 방식을 모방해 현실에 삽입된 망상 그 자체라고 할 수 있겠죠. (그 방법론을 이어받은 조민석의 건축사무소가 '매스스터디스'라는 이름을 달고 있는 데엔 다 이유와 포석이 있는 겁니다.)

하지만 나는, 조진만, 이은경, 에스오에이의 건축을 기호학적으로 분석할 생각도 없고, PCM으로 역독해할 생각도 없습니다. 구식 정념정형을 이야기한 것도 각각의 건축 설계안에 임베드된 망상의 원형이나 동세를 찾아보려는 의도입니다. 본디 나는, 수상자들의 작업 가운데에서, 현실과 같은 밀도를 획득할 기회를 얻지 못한, 즉 지어지지 않은/못한 설계안들을 비평할 생각이었습니다. 구현되지 않은/못한 안들에서 오히려 건축가들의 이상에 부합하는 어떤 특성을 잘 찾아낼 수 있으리라 기대했던 것이죠. 그런데, 그것도 결국엔, 좌절된 안들에서 건축가들의 머리와 손을 통해 구현된 정형(최종 설계안)을 이끄는 '의도(intent) 이상의 정념(pathos)', '디세뇨를 추동하는 이상(ideal)', '관철된 컨셉션(conception)의 바탕이 되는 지향(orientation)' 따위를 이야기해보고 싶었기 때문입니다. — 계속

Hello? How have you been doing? Have you successfully established yourself in your transition to dentistry? The year of 2015 seems to have almost passed by already. By next year, we've now known each other for 20 years. When we first met, you were an architectural student at Seoul National University. At that time, I was really busy with LGBT campaigns and exhibition things. I remember the studio that you opened with your friends from architecture school. In 1996–7, architecture was a popular study at many universities. It required the highest grades for admission among the schools of the engineering department at Seoul National University. In 1997, the required grades came near even to the grades needed for medical school. Generational shifts seemed surely a matter of time. Since all of the smart students came to study architecture, I had thought that soon new architects equipped with advanced methodologies would emerge and open a glorious golden age. You and I both despised and turned our nose up at the politicized Korean architecture scene of the time which was shackled by a normative justifiability.

At that time, you and many other architecture students dug the book of Rem Koolhaas in understanding new methodologies as much as possible, and many rebelled against and complained about the teaching methods of professors who stuck to the old-fashioned space composition of modernism. I remember we talked about that and among the lectures of outside lecturers, only the lecture of Kerl Yoo had something interesting. You liked him because he listened to all of the weird delusions of students and then motivated them to translate their delusions into design. Come to think of it, I did join in many site visits of architecture students several times as an exceptional companion. Perhaps, my personal research project about urban environments that I started in September of 1997 was influenced by the experience of those site visits. Looking back, I tried so hard to get away from ignorance. However, the 1997 IMF financial crisis changed everything. I tried to understand and accept the fall of our world and its adjustment process through my research project.

After quitting a graphic design job, I concentrated on my graduate studies and kept on undertaking research and experimental design projects in the library and in the field for several years. But when I was about to start my professional career after having finished my graduation thesis in 1999, you gave up your area of study that you loved so much. When I heard at first that you would transfer to dental school, though I didn't express it, I was really surprised. I was so ingenuous to the point where I let out the question, 'is a career in dentistry that decent of a job?' And this captivated me along with another thoughtless question, 'couldn't he choose medical school rather than dental school?' I knew the bankruptcy of your father's company had caused a great amount of pressure on you, the only son of your family, but I didn't think that was serious enough to make you give up your dreams. At this time, many students who were born in the middle of the 1970s, changed their majors. The major-change phenomenon among the students at Seoul National University had something in common with a documentary movie of National Geographic. Though everyone pretended that there is nothing serious about it, actually they were in a sort of desperate situation. Some transferred to medical college, and some threw their life into the national bar exam. But, most of the people I knew chose dental school. So are you happy now with your life as a dentist? The words that you said in Jongno over a table with drinks sounded like you might have some regrets about it. Lately, I came across Y, and he said with a firm voice that he doesn't regret having become a doctor. Life is short, but long as well. I have been never necessarily wishing happiness to my friends, but I've been praying for them to be able to find their own dreams or visions both anytime and anywhere. Happiness is a side effect of being able to pursue a dream or vision. How about trying to do something related with architecture now? Don't you have a patch of land inherited from your father in your hometown? I think I can hear you saying 'I'm forty now, and don't want to *Architecture 101 Type of Drama for My Life*.

Recently, I had a chance to interview the winners of the 2015 Korean Young Architects Awards. I felt somewhat differently compared to the time when I met Minsuk Cho to write a review about his Dalki Theme Park (2004). And when I came up with an idea that you might have been able to open a new era with these people, a great unrest stole my mind. While interviewing Jo Jinman, Lee Eunkyung and Lee Ja Woen, Lee Chihoon, Kang Yerin from Society of Architecture (SoA) about their works, I couldn't escape from this one question: "Mirror, Mirror, you who can see all of history, can he/she become a role model in this age of diminished expectations by succeeding to suggest a new sustainable model for a reasonable small architecture studio?" Then, as an art and design critic, what was it that I wanted to see? It was a kind of delusion that was driving these people. What delusion could guide these people until now and encourage them not to give up on architecture despite all the hardships? Why was it your abandoned dream couldn't sustain you until the end? Now, what does that architectural delusion that couldn't have a chance to grow with you, mean to you now?

An Architectural Delusion: Embodied Yet Not Completed

'Delusion' casts a negative meaning to most people. However, contemporary architecture and design are based on delusions. It can be called fantasy or illusion. But the ignorant imaginations about form and space, which are stimulated by some unknown powers can be described perfectly only with the word 'delusion'. Edgar Kaufmann Jr., formerly the second director of the design department of MoMA suggested a definition in the booklet published by the museum *What is Modern Design?* that, "Modern design is planning and making of objects suited to our way of life, our abilities, our ideals." Then, when he selectively defined some artifacts containing a grand narrative of delusion and seeking a legitimate form for modern values as 'good design', were people captivated by their individual form? Or by their evangelical entwurf of delusion?

Putting human pathos into an artifact has a long history dating back to the Neolithic Age, yet it faced a most significant turning point in the renaissance age. Along with the development of perspective, the concept of 'disegno' was invented, and this separated design from manufacturing and thus contributed a lot to the development of architecture, art and crafts. Naturally, the critique methodology for nonverbal artifacts advanced accordingly, but the methodology of criticizing disegno emerged very late. Aby Warburg, one of the pioneers who developed art history as a modern study, suggested the term 'Pathosformel' to read out mental activities from artifacts. The pathos in his term didn't imply only the intention of creators but also a contemporary social spirit as well as inherited historical influences. As an appropriate study system corresponding to the concept of Pathosformel, Warburg created an image map called 'Mnemosyne Atlas', but it didn't work out for several reasons. After that, Erwin Panofsky proposed a more logical study methodology 'Iconology', and then Heinrich Wölfflin established a more provable stylistic analysis study methodology. What if we read architecture with the old frame of Pathosformel? Or what if we analyze architecture by units of tectonic or spatial templates? I believe we will be able to reach to the very basics of architecture as we will be emancipated naturally from the existing study methodology of architectural history, focusing instead on stylistic analysis.

Indeed, from 1966 to 1968, Robert Venture and Dennis Scott Brown studied the vernacular architecture of Las Vegas in the context of anthropology and semiotics and published their outcome with the book "Learning from Las Vegas: the Forgotten Symbolism of Architectural Form (1972/1977)", and in the book, they suggested an alternative way that was deviating from modernist architecture. Also, Rem Koolhaas, in his book *Delirious New York: A Retroactive Manifesto for Manhattan* (1978/1994), founded a theoretical and practical grounds to intensify and evolve the language of postmodern architecture by reinterpreting the vernacular modern architecture of Manhattan, the city of skyscrapers, in the perspective of folklore. Therefore, my suggestion is not a very new attempt. Reading architecture with the frame of the 'paranoid-critical method' created by Salvador Dali, Koolhaas revalued modernism as under which is quite peculiar and this revaluation became the grounds for OMA's methodology of practice. "First, copy the way how paranoids see the world with a new perspective. It's like traveling the world of paranoia and collecting 'souvenirs' there. After that, compress those imaginary collections to the threshold of reality so that they can have the same density as they would in reality. Then, these edited delusions eventually become true." In this context, those bizarre and repetitive forms of mass in Koolhaas' architecture are actually the delusions that have been injected into reality by emulating that system. (There is a reason for the studio of Minsuk Cho who inherited Koolhass' methodology to have the name 'Mass Studies')

However, I don't have any plan to analyze the architecture of Jo Jinman, Lee Eunkyung and SoA with semiotic perspectives or read them deductively with PCM. The reason why I brought up the old Pathosformel method was to find out the origin or movement of delusion embedded into each architectural design. At first, I wanted to review the delusions that couldn't have a chance to gain the density of reality, that is to say, the unbuilt or rejected architectures of award winners. Because, I thought I would be able to find some features describing better the ideal of architects in those unrealized proposals. But this was, after all, because I wanted to talk about 'Pathos that transcends intent', 'Ideals that initiate disegno' and 'Orientation that guides the carried out conception' which all result in a fixed form(final design) created by the brain and hands of architects. —Continued

건축사사무소 에스오에이

강예린, 이치훈, 이재원

건축사사무소 에스오에이는 2010년 서울에서 설립되어 도시와 건축의 사회적인 조건에 대한 분석을 통해 다양한 스케일의 구축환경에 관한 작업을 진행하는 젊은 건축가 그룹이다. 강예린, 이재원, 이치훈, 세 파트너로 구성되어 있으며 도시-건축의 다기한 문화적 맥락을 비판적으로 독해하고 한국사회의 당대성 속에서 보편적으로 작동하는 건축을 지향한다. 인천문화재단이 후원하는 <파산의 기술>(2010), 2011년 광주 디자인 비엔날레 <Featuring Sewoonsanga>에 참여하였고, 이탈리아 국립현대미술관(MAXXI) <Shape Your Life>(2012) 전시에 초대되었다. 두댄스 시어터(단장 정영두)와 LG아트센터에서 공연협업 <2012, 춤 극장을 펼치다>를 진행하였다. 오송 바이오밸리 마스터플랜 국제 공모(2011), 부산중앙광장 현상공모(2010) 등에 입상하였다. 최근 서울여성가족재단 성평등 정책전문 도서관을 완공하였으며, 현재 전남 곡성의 귀촌 주택, 우포 자연도서관 등을 진행 중이다.

Society of Architecture

Kang Yerin, Lee Ja Woen, Lee Chihoon

Society of Architecture(SoA) was founded by Lee Chihoon, Kang Yerin, and Chung Youngjoon in 2010. Lee Jaweon joined SoA as a partner in 2014. We have been searching for a new agenda derived from social condition of architecture and urbanism. SoA took part in the exhibition 'The Description of Bankruptcy' (2010) sponsored by Incheon Foundation for Arts & Culture, of 'Featurin Sewonsanga' at 2011 Gwangju biennale and 'Shape your Life' (2012) at MAXXI in Rome. SoA has won several architectural design competitions such as the 'GEAP International competition (1st, 2012)', 'International Competition for Osong Biovalley Master Plan (honourable mention, 2011)', 'Design Competition of Busan Centural Plaza (honourable mention, 2010)'. SoA recently completed the Gender Library of Seoul Foundation of Women and Family.

Society of Architecture

건축사사무소
에스오에이

Proposal for Gwangyang Hope Library

광양희망도서관 계획안

The Gender Library of Seoul Foundation of Women and Family

성평등 도서관 여기

Roof Sentiment

지붕감각

연속된 방으로 이뤄진 도서관

광양 희망도서관은 지역 어린이와 청소년이 책을 매개로 모든 창의적 활동을 지원하는 공공의 '방이'다. 숙독, 묵독, 통독, 토론, 구연, 학습 등 다수의 독서 방식이 가능한 다양한 서가 환경을 만드는 것이 목적이다. 가장 가까운 학교시설인 광양 동•서 초등학교는 학생이 도서관을 가장 먼저, 적극적으로 활용할 것이다. 학교를 향해 남쪽으로 열린 중정을 두어 학교에서 보일 수 있도록 했다. — 인덕로 경관은 2~3층 규모의 저층 근린시설이 지배적이고 시내 중심지지만 상대적으로 낮은 스카이라인을 이룬다. 다층의 권위적 형태의 도서관은 공공 건물의 관습적인 이미지다. 문턱을 낮추고 길에서 바로 들어갈 수 있도록 제안했다. 즉 단층의 낮은 도서관은 모든 서가가 하늘을 맞닿은 '지붕아래 공간'을 만들고 다층의 건물이 가질 수 없는 '지붕의 공간감'을 다양한 독서 환경과 함께 경험할 수 있도록 했다. — 도서관 부지는 주거와 근린생활시설로 둘러싸여 있고 북측으로 공원 예정부지가 있다. 주변의 작은 건물과 유사한 크기의 방을 북서측으로 몰아 인덕로에서 바로 접근 하도록 해서 도서관이 인덕로 경관의 일부가 된다. 대부분의 공공도서관은 전면 공원이나 광장을 건너서 커다란 로비를 만난다. 희망도서관은 들어서자마자 책이 사람을 맞이하는 서가 중심의 도서관으로 제안했다.

A Library Made of A Series of Rooms

Gwangyang Hope Library is a public 'room' which supports the creative activity of local children and teenagers through the medium of literature. Its aim is to make various reading environments enabling multiple reading methods such as close reading, silent reading, perusal, discussion, narration, learning, etc. Students attending Gwangyang East/West Elementary School, the closest school to the library, will be able to actively make use of it. The library will be visible from the school by through a south-facing courtyard that looks onto the school. — The landscape of Indeok-ro has a relatively low skyline, though it is at the city center, and the buildings are predominantly low neighborhood facilities of two or three stories. The conventional image of public buildings like libraries is of a multi-level, authoritative looking structure. By lowering the threshold, we proposed a library that can be easily accessed from the street. In other words, a one-story library will create a 'space under the roof' allowing all the bookshelves to touch the sky and enable users to experience the openness of the 'spatial sense of a roof' which can't be found in multi-level buildings. — The site of the library is surrounded by houses and neighborhood facilities and faces a site planned as a park to the north. The library harmoniously becomes a part of the Indeok-ro landscape by scaling it's northwest rooms to reflect the height of neighboring buildings in the northwest, as well as creating a direct point of access from Indeok-ro. In most public libraries, one is required to cross a front park or a plaza before being confronted by a large lobby Our proposal was for Gwangyang Hope library to be a shelf-centered library where books welcome visitors at the entrance.

건축사사무소 에스오에이의 경우

에스오에이는 2008년 이후 변화한 당대 건축의 현실에 가장 능동적으로 적응하고 있는 건축사무소 혹은 연합체로 볼 수 있어요(그만큼 기성 건축가들로부터 반감을 사기도 쉽겠죠). 대형 프로젝트를 연이어 진행할 수 없는 시대에, 화이트 큐브에서 전시/프로젝트 활동을 병행하며 도서관 건축이라는 새로운 틈새를 찾아 한창 자신만의 특성을 구축해가는 도정에 있습니다. 한데, 아무리 연합체라고 해도, 각각 3인이 추구하는 가치와 또 관심사는 다를 수밖에 없고, 또 어떻게든 정해진 시간과 예산 하에서 각자의 설계 욕망과 망상을 절충해서 실현 가능한 결과물을 도출해야 하니까, 아무래도 여타 설계사무소보다 망상 자체가 좀 복합적이에요.

일단 강예린은 1974년생으로 서울대학교 지리학과에서 학사와 석사를 마친 뒤 2001년경 서울연구원에서 연구원으로 활동하다가, 2002년에 한국예술종합학교 예술사 과정 입학해 건축을 공부한 특이 케이스로, 2008년경 콜하스의 OMA에서 약 1년간 일한 경력이 있어요. 반면, 이재원은 1976년생에 연세대학교 건축공학과 에서 학사를, 한국예술종합학교 전문사 과정에서 건축학을 전공했고, 건축사사무소 아이건축과 (주) 창조종합건축사사무소에서 일한 바 있습니다(2015년 현재 사무실에서 한국 건축사 자격증을 지닌 유일한 인물이기도 하죠). 한편, 이치훈은 1980년생으로 연세대학교 건축공학과에서 학사와 석사 학위를 취득했고, 간삼파트너스에서 부팀장으로 2007년 여름부터 3년 넘게 일한 바 있습니다. 이렇게 대충 공부한 과정과 에스오에이 이전의 경력만 봐도, 3인의 특성과 특기가 각기 다르다는 것은 쉽게 유추 가능합니다. 강예린은 조사·연구를 통한 건축 솔루션 도출이 강점이고, 이재원은 대형 프로젝트를 진행해본 실무 경험과 연륜이 자산이고, 이치훈은 실무 경험도 적지 않지만, 도서관이라는 틈새시장과 화이트큐브에서의 전시 쪽에 남다른 노하우나 이해가 있으리라고 넘겨짚을 수 있겠죠(이재원이 파트너로 2011년 설립된 에스오에이와 결합한 것은, 2014년 9월의 일입니다. 이제 일 년을 넘긴 상황이죠).

Gwangyang

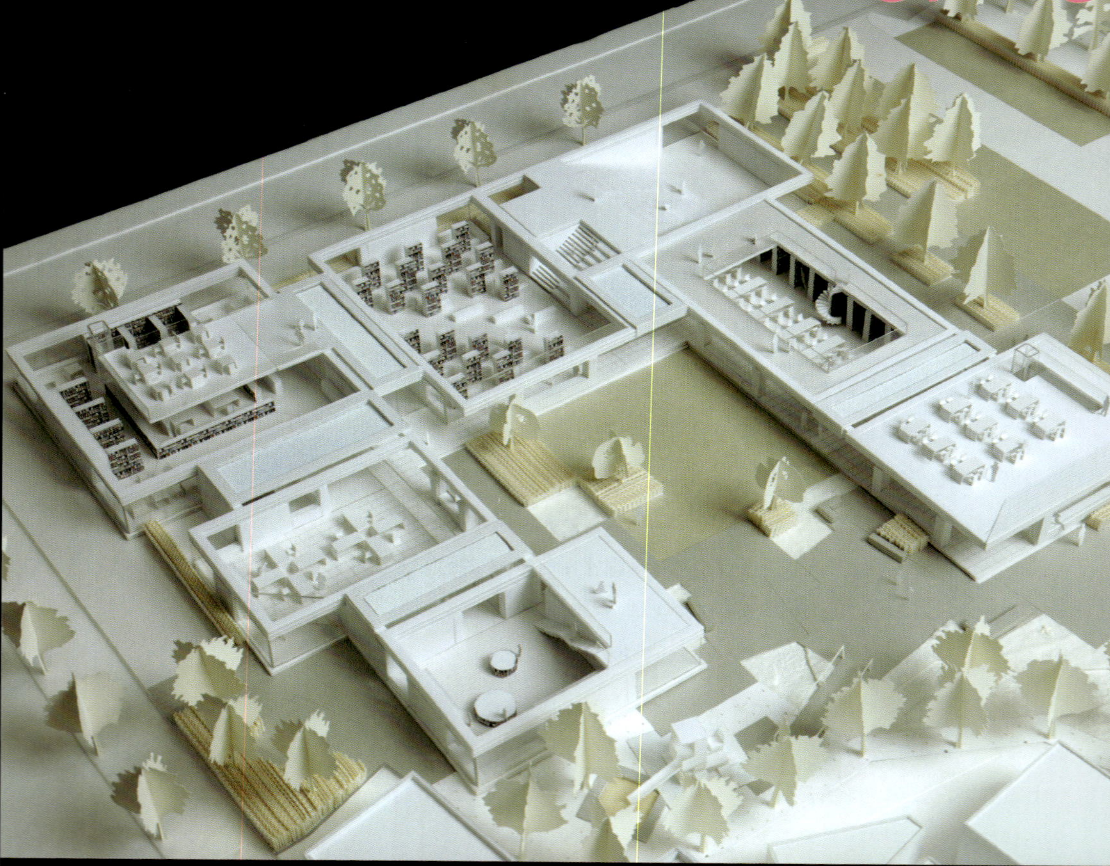

희망도서관은 들어서자마자 책이 사람을 맞이하는 서가 중심의 도서관으로 제안되었다.

Our proposal was for Gwangyang Hope Library to be a shelf-centered library where books welcome visitors at the entrance.

설계 건축사사무소 에스오에이(강예린, 이치훈, 이재원) 설계담당 서승희, 임재휘, 기영석
위치 전라남도 광양시 광양읍 칠성리 431-6번지 외 9필지 용도 교육시설 대지면적 7,287m²
건축면적 1791.38m² 연면적 2307.03m² 규모 지상 1층 주차 50대 높이 10m 건폐율 24.58%
용적률 31.65% 구조 철근콘크리트, 철골구조 외부마감 타일 설계기간 2015. 5.~8.

ARCHITECT Kang Yerin, Lee Ja Woen, Lee Chihoon (Society of Architecture)
DESIGN TEAM Seo Seonghee, Lim Jaehwee, Ki Youngseok
LOCATION 431-6 Chilseong-ri, Gwangyang-eup, Gwangyang-si, Jeollanam-do, Korea
PROGRAMME educational facilities **SITE AREA** 7,287m² **BUILDING AREA** 1,791.38m²
GROSS FLOOR AREA 2,307.03m² **BUILDING SCOPE** 1F **PARKING** 50 **HEIGHT** 10m
BUILDING TO LAND RATIO 24.58% **FLOOR AREA RATIO** 31.65%
STRUCTURE reinforced concrete, steel frame
EXTERIOR FINISHING tile **DESIGN PERIOD** May – Aug. 2015

Gwangyang

2011년에 행정중심복합도시 대통령기록관 건립 설계공모에 응모했던 설계안을 보면, 이들의 설립 초기의 망상을 엿볼 수 있습니다. '인문경관'을 키워드로 내세운 이 설계안에서 역시 강예린의 지리학적 어프로치 같은 게 느껴지기도 하고, 또 막대 형태를 층적해 구조를 만들고 그 둘레에 구조를 암시-노출하는 외피를 둘러 매스를 잡아내는 방식이나, 그리 도출해낸 내부의 개방형, 폐쇄형 공간 구획을 활용해 대통령 아카이브가 요구하는 특수 기능에 부합하는 프로그램을 각 구획별로 삽입•구현한다는 아이디어에선, 어딘지 모르게 MVRDV가 연상되기도 합니다(한데, 막상 이 무뚝뚝하다 못해 다소 우악스러워 뵈는 층적 구조의 아이디어를 낸 사람은, 강예린이 아니고, 이치훈이라고 하네요. 후자가 전자를 알리바이 삼아 네덜란드 건축의 방법론을 연습해본 것이었을까요?). 세종시 대통령기록관 설계안은, 대단히 모범생적으로 접근한 모습입니다. 주요 아카이브와 도서관들의 선례를 일일이 공간 유형별로 분석-분류하고, 그를 제 건축 솔루션의 알리바이로 제시합니다.

사실 이런 방향으로 계속 나아갔으면, 조민석의 매스스터디스처럼 콜하스의 제자로 세대의 방법론을 일관되게 심화•발전시키는 건축사무소로 성격을 분명히 할 수도 있었을 겁니다(그랬다면, 조민석과 차별화가 되지 않는 문제도 있었겠죠). 하지만 이후 프로젝트마다 다른 방법론을 계발하고, 조금씩 다른 솔루션을 찾아 작업하려는 약간의 강박을 드러냅니다. 그런 모습에서 뭔가 이들이 윤리적인 시선—그게 자기 자신이건, 동료이건, 건축계 안팎의 남들이건—을 의식하고 있다는 걸 느낄 수 있죠. 건축 방법론을 확정하고, 그걸 자기 홍보해내는 버즈워드(이를테면 '터무니' 같은 것)를 뽑아내고, 유명세를 얻어 경쟁 공모에서 비교 우위를 점할 수 있는 세일즈피치의 능력을 획득해내는 단계로 나아가는 걸 주저하고 있다고도 볼 수 있습니다(한 번 시도한 솔루션을 재활용하지 않으려 드는 윤리적 강박은, 3인조가 된 이후, 더 심해지는 게 아닌가 싶기도 합니다. 그리고 현재 이들의 공동 작업실—입구에서부터 모크업의 무덤이 코끼리 무덤처럼 펼쳐지는—을 사용하고 있어서, 남의 눈을

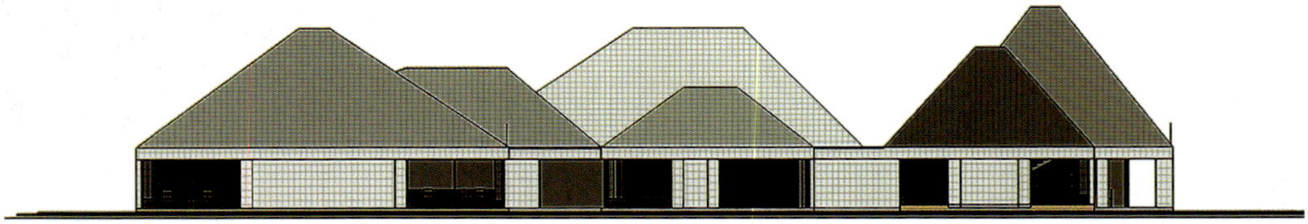

East Elevation

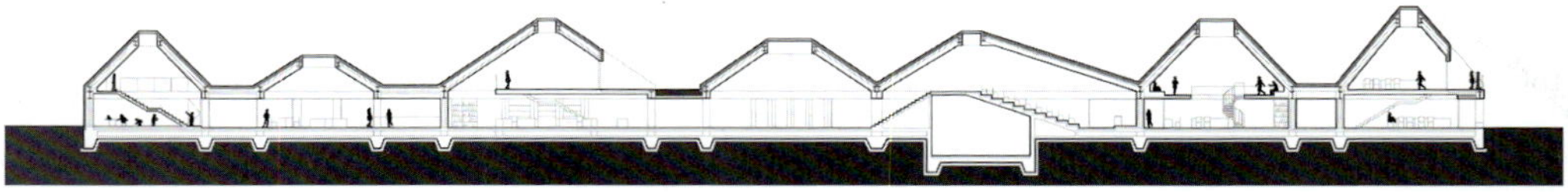

Section

Model

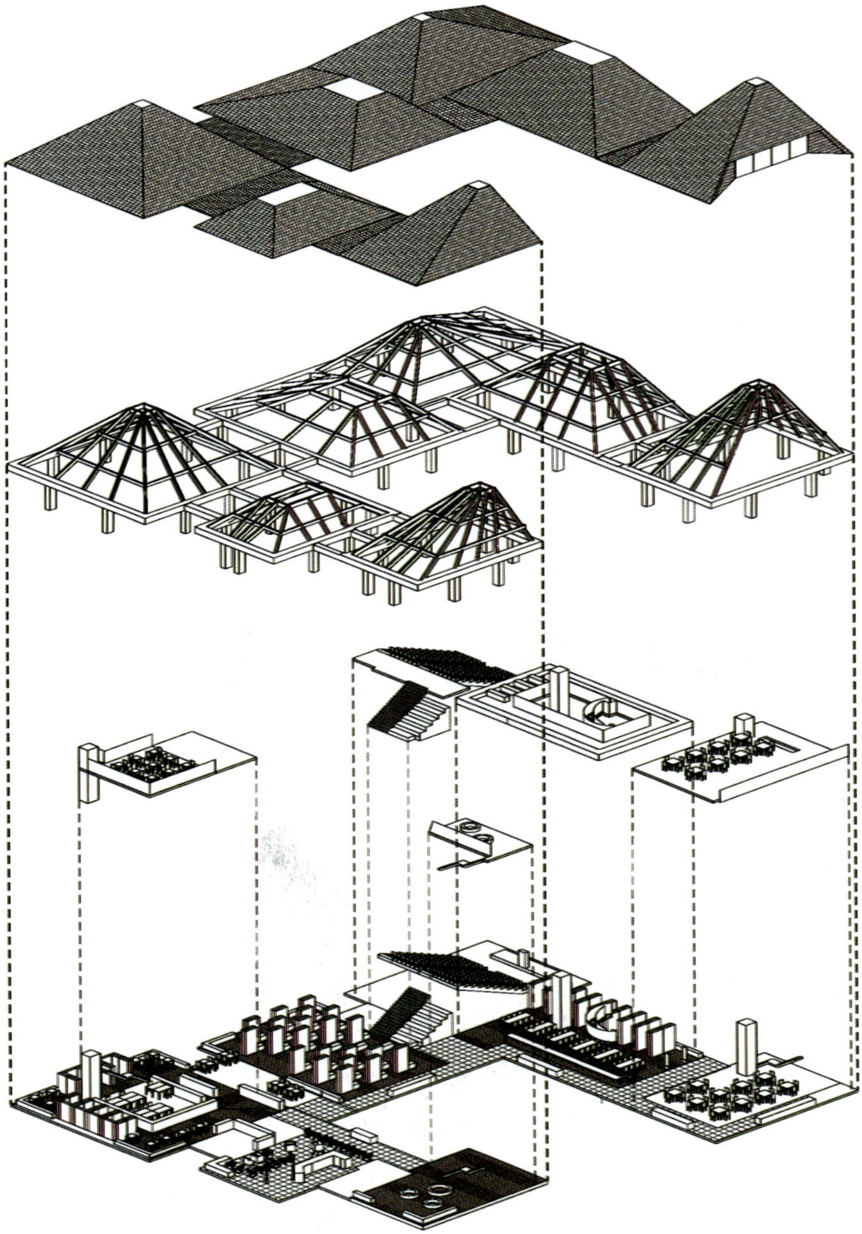

Diagram

단층의 낮은 도서관은 모든 서가가 하늘을 맞닿은 '지붕아래 공간'을 만들고 다층의 건물이 가질 수 없는 '지붕의 공간감'을 다양한 독서 환경과 함께 경험할 수 있도록 했다.

A one-story library will create a 'space under the roof' allowing all the bookshelves to touch the sky and enable users to experience the openness of the 'spatial sense of a roof' which can't be found in multi-level buildings.

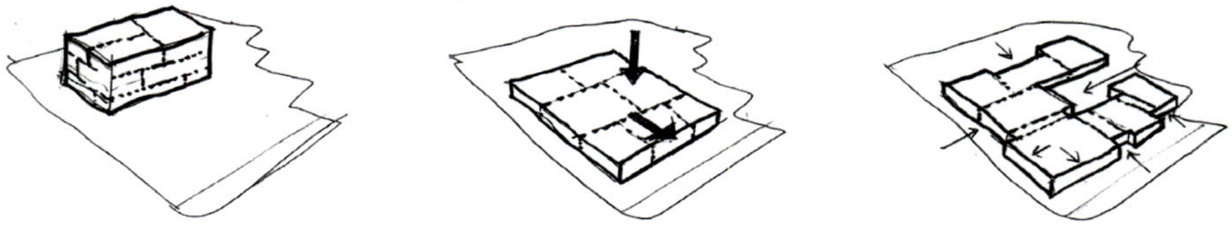

대부분의 공공도서관은 전면 공원이나 광장을 건너서 커다란 로비를 만난다. 광양희망도서관은 이 관습적 배치 형식에 대한 저항이다.

In most public libraries, one is required to cross a front park or a plaza before being confronted by a large lobby.

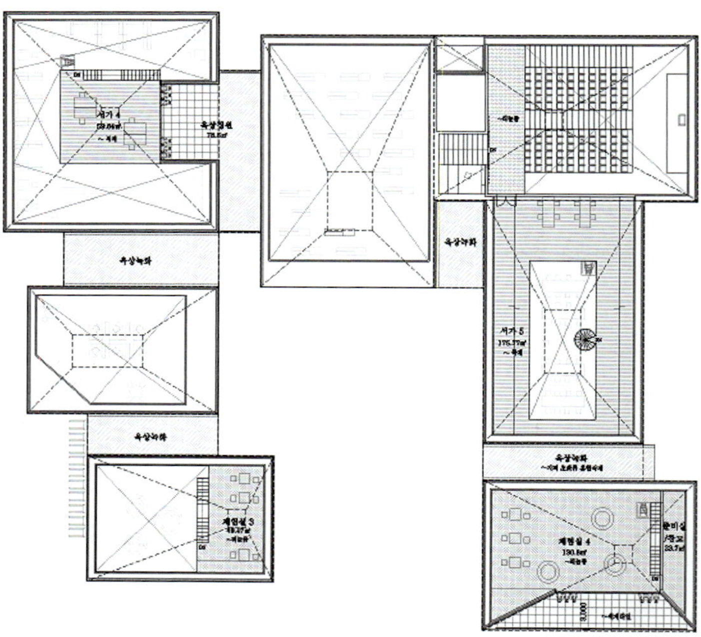

2F plan

Gwangyang

더 의식하게 되는 면도 없지 않아요). 실제로 강예린은 그런 윤리적 자기 합리화 과정을 중시하는 모습입니다. "레퍼런스를 새로이 구축해 알리바이를 만들어나가는 과정이 재미있다"고 말하고, 또 그렇게 설득의 구조가 마련돼 스스로 납득할 수 있어야 "작업에 정이 간다"고 합니다. 아마도 3인 가운데 외부에 기인하는 업무 스트레스에 가장 취약한 인물이지 않을까 해요. 앞으로의 소망이 뭐냐고 물어도 그는 "생각하는 대로 살 수 있기를 원한다"라고 답해, 신념과 다르게 살게 되는 상황에 대한 반감이나 두려움을 우회적으로 표명한 바 있어요.

하지만 대통령기록관처럼 지어지지 못한 설계안이 정말로 이후 작업에서 반복되지 않는 것은 아닙니다. 아무리 매번 새로운 어프로치를 시도해도, 어떤 식으로든 전작은 후속작에 영향을 미치니까요. 내가 보기엔 2014년 마포중앙도서관과 청소년교육센터 현상설계에 출품한 설계안이 대통령기록관의 그것을 이어가고 있습니다. 막대 형태의 구조를 층적해 내부 구조를 만들고 외피를 둘러싸는 방식을 쓰지는 않았지만, 도서관과 교육센터의 기능을 나누고 두 공간이 접합되는 내부의 인터페이스를 융합•공간으로 제시하고 그에 외피를 두른 방식은 확실히 전작의 실패를 바탕으로 하고 있습니다. 구획 공간에 기능을 삽입했던 전작과 달리, 오픈 플랜에서 각 세부 기능을 유기적으로 통합 구현하고 있거든요. 확실히 후속 설계안이 더 세련된 면이 있습니다만, 역시 문제는 최종 조형이 무뚝뚝하고 다소 장식적 아름다움이 부족하다는 겁니다. 현대 건축의 역사를 돌아보면, 방법론이나 문제 해결책과 상관있게 더 아름다운 결과를 뽑아내는 건축가가 여러모로 더 흥하는 것이 사실입니다. 흠잡을 데 없이 예쁜 걸 누가 싫어하겠어요?

그런데 가장 최근의 작업인 광양도서관공모안에선 기능을 별채로 분산한 설계안을 보여줍니다(처음에 모크업 이미지만 보면, 무슨 최고급 리조트 콤플렉스인가 싶기도 하죠). 기존의 공공건축이 취해온 공간 유형학—넓은 광장에서 매스로 접근하는 방식—을 부정하고, 중정을 통해 여러 기능을 별채로 구현한 건물로 이동할 수 있는 마을처럼 생긴 건축 공간을

The Gender Library of Seoul Foundation of Women and Family

성평등도서관 여기

성평등도서관 여기는 국내 최초의 여성 정책도서관이다. 이곳은 여느 곳과 다르게 작은 의자가 책장이 되기도 하고 또 벽이 되면서 다시 책을 읽는 공간으로 바뀐다. 앞서 설계했던 <미묘한 삼각관계> 전시 아카이브 라운지 디자인과 연속선상에 있는 개념이다. 이는 책이 보이는 방식에 대한 고민인데, 기존엔 책등을 수평, 수직으로 보여줬다면 책의 표지를 시계열적으로 보여주는 방식을 고안했다. 이는 평면의 그래픽으로 입체적인 공간을 만드는 것이고, 직선이었던 시계열이 교차하며 입체로 바뀌는 방식이다. 정책도서관이라는 특성상 아카이브, 연구, 전시가 중요한데, 이를 해결하기 위해 십자형의 시계열 방식을 사용했고 이는 기존 한국십진분류법(KDC)이 아니라 해시 태그로 새로운 분류법을 제안했다. 면적 858m2에 2억 3,000만 원이 전부였다. 평당 100만 원도 되지 않는 비용으로 해결했다. 기존 학교나 도서관 같은 공공 프로젝트가 관주도 발주 방식과 나라장터에서 가구를 구매해야 하는 한계가 있지만, 이들은 적은 비용으로 가구를 직접 디자인하고 공간에 적용해 기존에 없던 공간을 만들었다. — The nation's first female policy library, the Gender Library of Seoul Foundation of Women and Family, also opened its doors to the public last June. Unlike other libraries, small chairs are simultaneously bookshelves as well as walls, transforming once again into spaces to read books. The concept follows the same stream of thought as my previous work, the lounge design for the exhibition archive of 'Subtle Triangle'. Considering the aspect of how books are displayed, a method of arranging the covers of books in a time sequence was used instead of the prevalent style of arranging book spines horizontally or vertically. This entails creating a dimensional space using two dimensional graphics, using a linear time sequential method of intersections to transform into three dimensional space. According to the characteristics of a policy library, archives, research and exhibitions are more important, and to resolve this issue a cross-shaped time sequence method was used. In contrast to the existing KDC method, we suggested a new method of categorization using hashtags. The library was resolved with the low cost of less than one million KRW per pyeong (approx. 840 USD per 3.3m2). While public projects like existing schools or libraries were limited by government-led commission methods and by having to purchase furniture from the Korea Online E-Procurement System, these architects have designed their own furniture using limited funds, applying them to the space to create spaces that did not exist before.

도서관으로 제시하고 있죠. 이 설계안은 기능적 요구에 가장 엉뚱한 형태로 화답한 안이라고 볼 수 있거든요. 현재 시점에서 일반화해버리긴 어렵겠지만, 에스오에이는 망상의 물화를 유형학적으로 패턴화하지 않으려고 애쓰는 가운데, 지리학적 조사·연구를 통해 알리바이의 구조적 가능성을 확보하고, 그것과 기능적 요구를 중첩해 가장 덜 관습적인 해결책을 찾아내려는 시적 충동을 드러내고 있다고 볼 수 있습니다. 즉, 건축사무소 특유의 이니셜 이미지를 만들기 어려운 방향으로 자신들을 몰아 스스로 커리어 계발을 더 어렵게 만들고 있는 셈이지만, 어쨌든 콜하스와 그 제자들의 유형학적 방법론에서 한 발짝 더 앞으로 나아가는 중이죠.

앞으로 이루고 싶은 꿈 혹은 앞선 세대가 이루지 못한 것에 대한 소망 같은 게 있느냐 물었을 때, 이재원과 이치훈은 “돈 벌고 싶다”고 간단히 답했는데, 나는 그 꿈이 꼭 이뤄지길 바랍니다. 세속적 성공을 두려워하지 않는 부끄러움 없는 야심이야말로, 오늘의 한국 현대 건축계에 꼭 필요한 가치라고 생각하거든요. 한국에서 현대 건축가가 건물로 죄를 지어봐야, 영원히 지옥에서 고통받기는 힘들다고 봅니다. 건물로만 치면, 아마 전원 연옥행이지 않을까요? — 계속

설계 건축사사무소 에스오에이 (강예린, 이치훈, 이재원) 설계담당 임재휘, 신은선 위치 서울특별시 동작구 여의대방로54길 18, 여성플라자 2층 용도 도서관 가구마감 평철에 분체도장, 자작나무 합판 시공 수도 디자인 공사비 2.3억 건축주 서울시 여성가족재단

ARCHITECT Kang Yerin, Lee Ja Woen, Lee Chihoon (Society of Architecture) DESIGN TEAM Lim Jae Hwee, Shin Eunsun LOCATION 2F 54 gil 18, Yeouidaebang-ro, Dongjak-gu, Seoul, Korea PROGRAMME library MATERIALS steel plate powder coating, birch plywood CONSTRUCTION Soodo Design CLIENT Seoul Foundation of Women and Family

dation of Women and Family

성평등도서관 여기는 국내 최초의 여성정책도서관이다. 이곳은 여느 곳과 다르게 작은 의자가 책장이 되기도 하고 또 벽이 되면서 다시 책을 읽는 공간으로 바뀐다.

The nation's first female policy library, the Gender Library of Seoul Foundation of Women and Family, also opened its doors to the public last June. Unlike other libraries, small chairs are simultaneously bookshelves as well as walls, transforming once again into spaces to read books.

dation of Women and Family

기존엔 책등을 수평, 수직으로 보여줬다면 책의 표지를 시계열적으로 보여주는 방식을 안했다.

A method of arranging the covers of books in a time sequence was used instead of the prevalent style of arranging book spines horizontally or vertically.

In the Case of Society of Architecture

Society of Architecture (SoA) is supposedly the most active architectural firm or association in adapting iself to current situations of the architectural world which have undergone numerous changes since 2008(This means that they are likely to antagonize senior architects). In the face of rocky times for carrying out a series of large projects, they are building their own characteristics by targeting the niche markets of library architecture as well as having exhibition projects in white cubes at the same time. By the way, the three members are bound to pursue different values and interests in spite of their alliance, but they have to draw feasible results by negotiating each member's desire and delusion about design within limited time spans and budgets, making their delusion more complex than most other architectural design firms.

First, Kang Yerin, born in 1974, has an unusual career; her bachelor's and master's degrees come from the department of geography at Seoul National University. She was a researcher at the Seoul Institute in 2001, and a student of architecture in the Master of Arts course at Korea National University of Arts; afterwards she had one year practice in OMA with Rem Koolhaas in 2008. On the other hand, Lee Ja Woen earned her bachelor degree at Yonsei University and studied architecture in the Graduate program at Korea National University of Arts,

정책도서관이라는 특성상 아카이브, 연구, 전시가 중요하다.

According to the characteristics of a policy library, archives, research and exhibitions are more important.

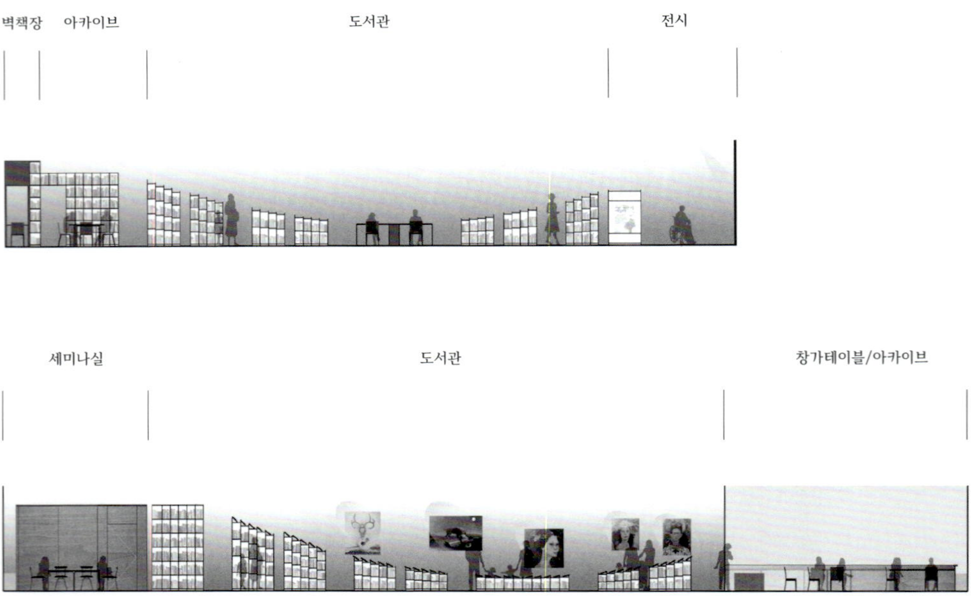

Section

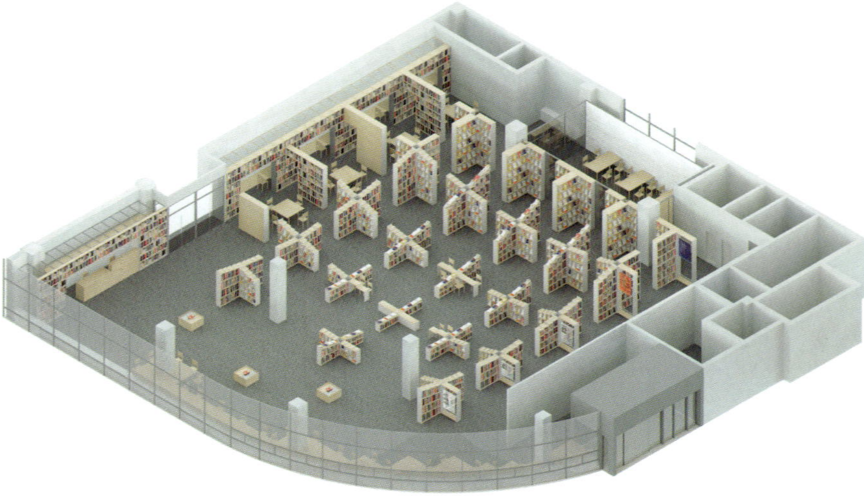

3D Rendering

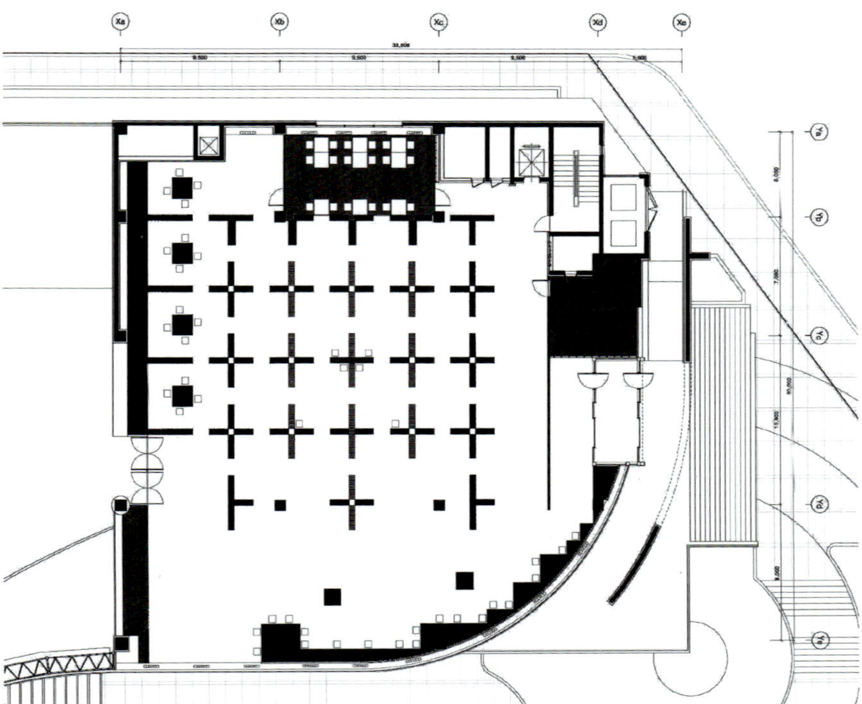

Floor plan

서울시립미술관의 <미묘한 삼각관계>
전시의 아카이브 라운지.

The archive lounge of 'The Subtle Triangle'
at Seoul Museum of Art.

A
B

A
B
C
D

Roof Sentiment

지붕감각

국립현대미술관 서울관 앞마당에 거대한 갈대발 구조를 만들었다. 국립현대미술관과 뉴욕현대미술관, 현대카드와 함께 젊은 건축가 프로그램을 진행하는데 ‘지붕감각’으로 당선됐다. 파빌리온은 애초 건축적 요소로서 ‘집’의 감각을 끌어오려 했다. 관람객이 구조물을 하나의 대상이나 물건이 아니라 감각으로 경험하고 더운 여름에 편히 쉬어갈 수 있는 공간이 되길 바랐다. 한옥이 밀집한 북촌에 있는 미술관 마당에서 ‘지붕’의 의미를 다시 생각해 본다. 목구조를 사용한 동양의 지붕은 원래 크고 무겁다. 비가 많은 기후 때문이기도 하고, 하늘에 대한 제의나 상징으로 일부러 크게 과장하기도 했다. 처마는 색색의 단청으로 아름답게 꾸민다. 커다란 지붕과 처마는 비바람을 막고, 높은 지붕 아래 만들어진 깊은 공간은 한국의 기후에 맞게 바람을 적당히 통과시키며 시원한 그늘을 만든다. 그러나 건축 기술과 재료가 발달하고 건물이 크고 높아지면서 반대로 지붕은 얇아졌다. 낮은 천장의 고층 아파트와 층층이 쌓인 건물 안의 사무실에선 지붕을 떠올리기 어렵다. — 우리는 미술관 앞마당에 주변의 경관을 담는 그릇이자, 바람을 흐르게 하는 차양, 흔들거리며 감각을 깨우는 장치로 ‘지붕감각’을 생각했다. 이것은 덮여 있는 지붕이 아니라 열린 지붕이고, 갈대발이 늘어지며 만든 주름은 아래 공간을 자연스럽게 구분하고, 이 아래에서 올려다봤을 때 각기 다른 풍경을 보여준다.

We created a huge structure out of reeds in the front garden of the Museum of Modern and Contemporary Art, Seoul. The Young Architects Program is awarded by the Museum of Modern and Contemporary Art, the New York Museum of Modern Art and Hyundai Card, and this year this project, ‘Roof Sentiment’, was the winner. A pavilion is a traditional architectural element and evokes the sense of a ‘house’. We hoped the structure would be experienced, not as a distant or detached object, but via the senses, and as a space providing restful shade during hot summers. The museum garden is close in proximity to the Bukchon area, where the homes are still predominantly in the *Hanok* style. This led us to meditate on the concept of a roof. The wooden roof of the East is traditionally large and heavy. This is a result of a rainy climate, and sometimes it is intentionally exaggerated as the ritual or symbol of the sky. Eaves are beautifully decorated by colorful traditional paintwork. A large roof and eaves protects from the rain and the wind, and a deep space made below a tall roof creates a cool shadow with ventilation suitable for the climate of Korea. But the development of building technology and materials has made buildings taller, and roofs thinner. It is difficult to be aware of, let alone appreciate the sense of a roof in high-rise apartments where ceilings are low or in the closely layered floors of high-rise office buildings. — We imagined ‘Roof Sentiment’ in the front garden of an art museum as a vessel to embrace the surrounding landscape, an awning to make the wind flow, and a device to arouse the senses. This is a roof which does not cover but remains open, and the wrinkles made by the hanging reeds naturally divides the space below it and when seen from below presents an ever-changing view.

and practiced at I Architects Associates and Chang-jo Architects. Meanwhile, Lee Chihoon, born in 1980, earned his bachelor's and master's degree at Yonsei University, and practiced as an assistant manager in Gansam Architects & Partners for about three years since the summer of 2007. A brief review of their education and career before SoA enables us to make a deduction that the three members are quite different in their characteristics and specialties. We may take a random guess that Kang Yerin is good at drawing architectural solutions through survey and research, Lee Ja Woen has the asset of lengthy experience and practice in large projects, Lee Chihoon is not only a seasoned architect but also has his own knowhow and understanding of the niche market of library and exhibitions in white cubes(It is in September 2014 that Lee Ja Woen was made a partner in SoA which was established in 2011. Now it is just one year since she has joined).

Their proposal for the Korea Presidential Archive in 2011 enables us to grasp their delusion during the early period of SoA. With the keyword of 'humanistic landscape', this project implies not only Kang Yerin's geographic approach but also, for some reason, MVRDV in light of the formation of mass made of accumulated bar-shaped structures with surrounding skin to imply and reveal its structure, and use of internal open and closed partitions

설계담당 강예린, 이치훈, 이재원, 강성완, 강혜원, 박슬기, 한승연, 김건희

위치 서울시 종로구 삼청로 30, 국립현대미술관 서울관 마당 전시기간 2015.7.1. ~ 9.30.

규모 490m2 (지름 25m, 최고높이 10.7m) 재료 스틸파이트, 스테인리스스틸와이어, 갈대

구조설계 터구조 막구조 타이거 랜드스케이프 디자인 D+H 레보라토리 조명설계 알토조명

시공 박효진, 김갑수, 조영산업(염동인) 설계기간 2015.3 ~ 4. 시공기간 2015.5 ~ 6.

COMPETITION TEAM Kang Yerin, Lee Chihoon, Lee Ja Weon, Kang Sungwhan, Kang Hyewon, Park Sulgi, Han Seung-yeon, Kim Gunhee (SoA)

EXHIBITION LOCATION The National Museum of Modern and Contemporary Art, 30 Samcheong-ro, Sogyeok-dong, Jongno-gu, Seoul EXHIBITION PERIOD 1. July ~ 30. Sep. 2015

INSTALLATION AREA 490m2 INSTALLATION SIZE diameter 25m, height (max) 10.7m

MATERIALS steel pipe column, stainless steel wire, reed STRUCTURE PLANNING Thekujo

MEMBRANE STRUCTURE Tiger Landscape DESIGN Laboratory D+H

CONSTRUCTION SUPERVISION Lee Chihoon, Seo Seung Hee, Seungsoo Lee (SoA)

DESIGN PERIOD Mar. – Apr. 2015 CONSTRUCTION PERIOD May – June 2015 to insert programs for special functions of the presidential archive into each division(By the way, it is not Kang Yerin but Lee Chihoon who thought out the idea of accumulated structures of the gruff and even rough appearance. I guess he practiced the methodology of a Dutch architecture kinda thing by using her existence as an alibi). The Korea Presidential Archive proposal is designed by the very approach of a nerd architect. Analysis and categorization of some former examples of archive and library by spatial type is provided as the alibi for their architectural solution.

Honestly, I think they may have succeeded in making a clear identity as an architectural design firm consistently intensifying and developing a contemporary methodology as the apprentice of Rem Koolhaas, like Minsuk Cho's Mass Studies, if they had continued pursuing that direction(If so, they may have faced a differentiation problem from Cho). But, developing different methodology in every following project, they seem to have an obsession of finding slightly different solutions for their projects. This proves that they are aware of ethical perspectives whether it is about themselves, their colleagues, or inside and outside of architectural world. They are supposedly reluctant to move to the stage of defining their architectural methodology, dropping a buzzword for self-promotion (for example '*toemunui* [site trace]' by Seung H-Sang), and achieving the ability of sales speeches

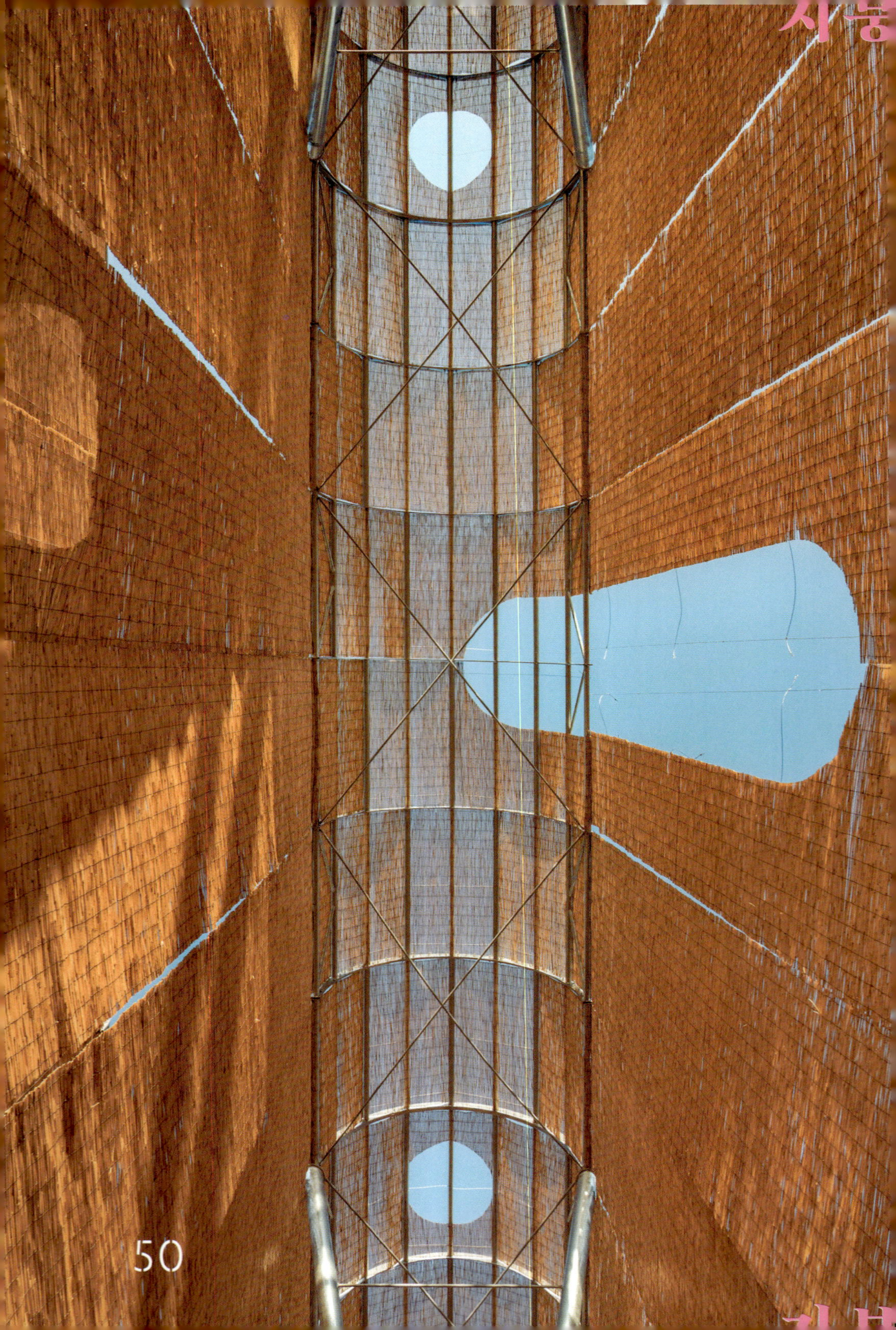

Roof Se

'지붕감각'은 경관을 담는 그릇이자, 바람을 흐르게 하는 차양, 흔들거리며 감각을 깨우는 장치다.

'Roof Sentiment' is as a vessel to embrace the surrounding landscape, an awning to make the wind flow, and a device to arouse the senses.

to secure comparative advantage in design competitions by their fame(They are seemingly suffering more from an ethical obsession to avoid recycling of used solutions since they became a trio. And the thing that they are now using in their joint studio — stretching out a pile of mock-ups like an elephant graveyard from the entrance — may make them more self – conscious). Actually, Kang seems to emphasize such process of ethical self-justification. She says she is enjoying the process of creating alibis through new construction of references and she is "attracted to her work" only when she succeeds in convincing herself by the structure of persuasion. I guess she is most vulnerable to stress from outside out of the three members. Giving an answer "I hope I could live as I think" to the question about her future wishes, she indirectly expressed animosity and fear for a life against her belief.

But unbuilt projects like the Korea Presidential Archive are not always repeated in the following works. However hard they try to use a new approach every time, a precedent work is bound to influence the next one in many ways. From my point of view, the proposal for the Mapo Central Library and Education Center in 2014 is inheriting something from the Korea Presidential Archive. Though it doesn't use the internal structure formed by accumulated bar-shaped structures with surrounding skin, it is certain that it is originated from the failure of previous works

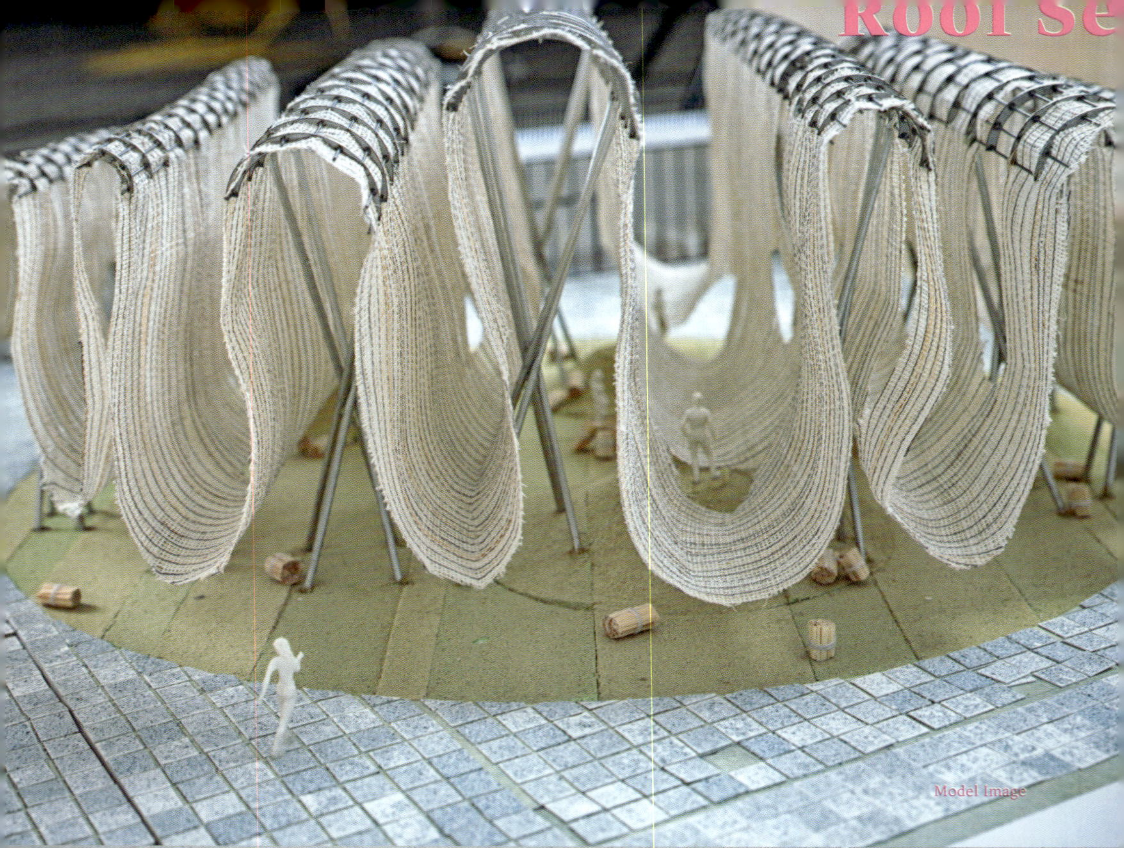

Model Image

Model Image

in that they proposed a space by combining internal interfaces in which two spaces of divided functions of the library and education center are connected with the surrounding skin. Unlike the previous one which inserted functions into partitioned space, this work succeeded in organically combining individual functions in open plan. Without a doubt, the latter is more refined than the former, but the thing is that the final form is blunt and lacks a bit of ornamental beauty. History of modern and contemporary architecture has proven that architecture which achieved more beautiful results in connection with methodology and solutions has been more successful in terms of business. Who would dislike something delicately beautiful?

But the latest project, the Gwangyang Hope Library design dispersed functions into separate buildings. (At a glance, its mock-up image seems like a premier resort complex.) Denying spatial typology of conventional public architecture — approaching the mass through a large square, their proposal for the library is a village – like architectural space whose separate buildings can be approached through a courtyard. This can be said an answer to the functional requirement with the most whimsical form. Though it would be difficult to generalize it at the moment, SoA can be considered that, making efforts not to realize reification of delusions as typological pattern, they have expressed poetic urges to find the least

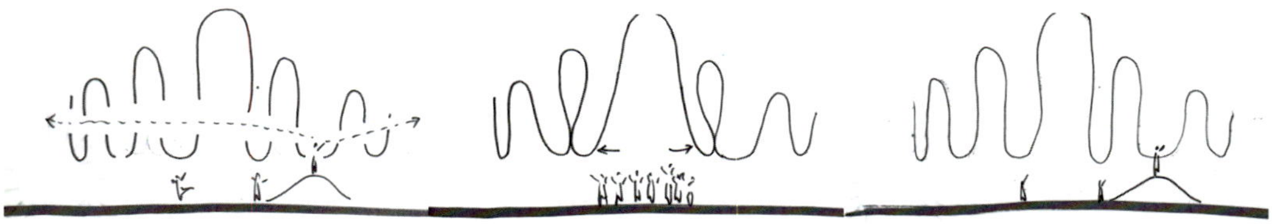

Diagram

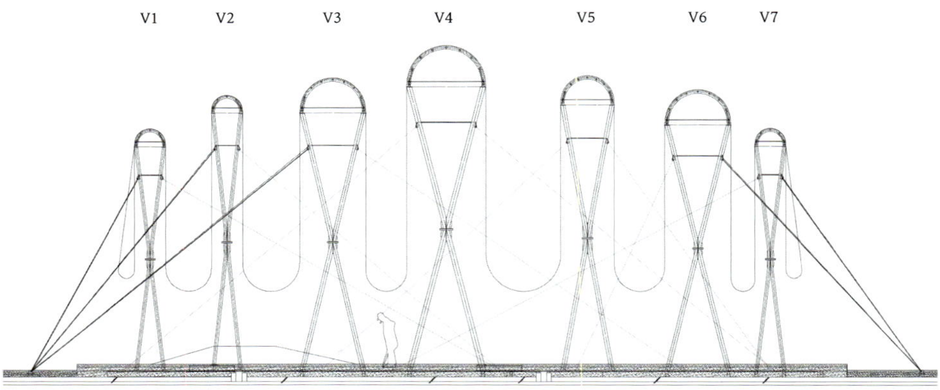

Section

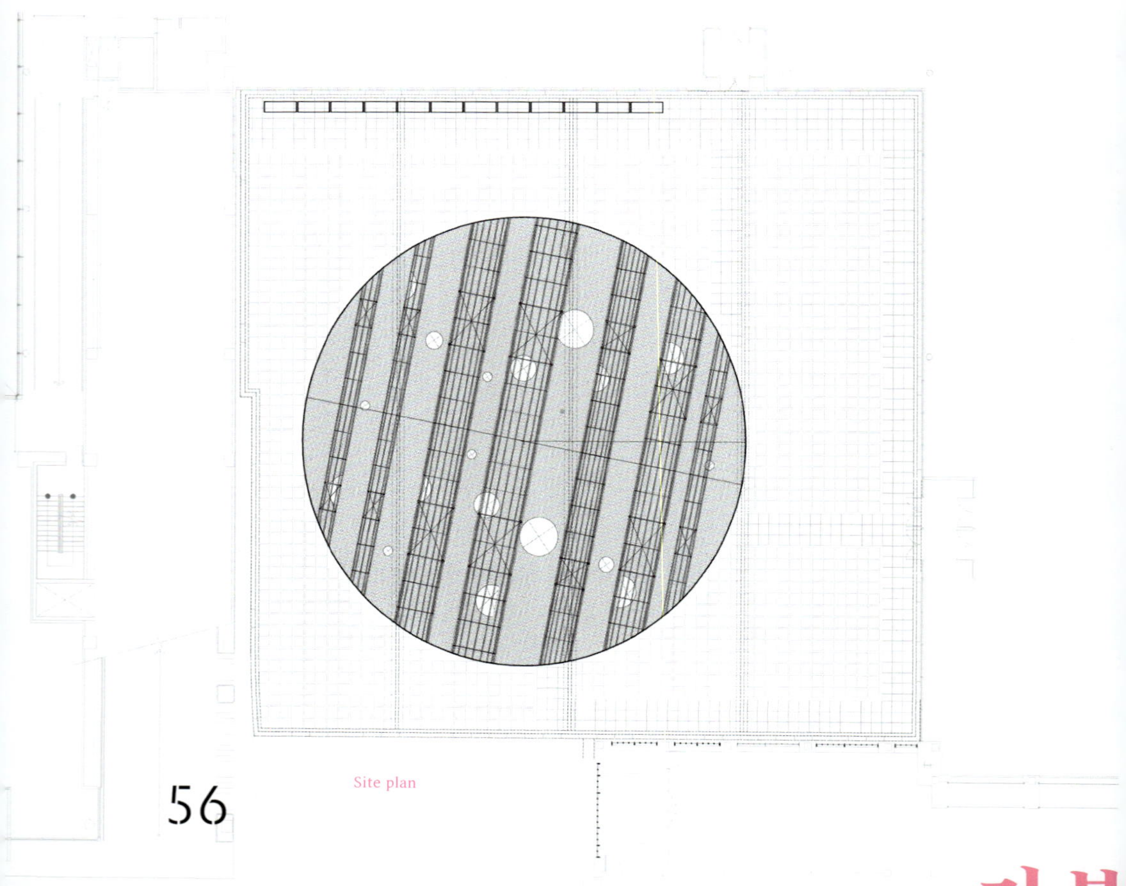

Site plan

conventional solutions by securing structural possibilities of alibis through geographic surveys and research and juxtaposing it on functional requirement. That is, they themselves are making it harder to develop their career by driving themselves to a direction which is difficult to create initial images unique to an architectural design firm, but anyway they are going a step further from the typological methodology of Koolhaas and his followers.

Asked their dream or wish which couldn't be achieved by previous generations, Lee Ja Woen and Lee Chihoon gave the short answer, "I want to make money", and I really hope their dream will come true. I think it is the shameless ambition unafraid of secular success that is the most important value to today's Korean architectural world. I don't think sins committed by Korean architects in buildings today are not enough for an eternity of suffering in hell. Considering only buildings, all of them would be sent to purgatory. —Continued

'지붕감각'은 덮여 있는 지붕이 아니라 열린 지붕이고, 갈대발이 늘어지며 만든 주름은 아래 공간을 자연스럽게 구분한다.

This is a roof which does not cover but remains open, and the wrinkles made by the hanging reeds naturally divides the space below it.

조진만

조진만 아키텍츠

조진만은 한국과 네덜란드 건축사로 한양대학교와 베이징 칭화대학교에서 건축을 공부하고 2002년에서 2012년 사이 이로재와 OMA를 거치며 유럽과 아시아 여러 국가의 다양한 문화적 맥락속에서 폭 넓은 프로젝트를 수행하고 2013년 서울과 베이징에 Jo Jinman Architects를 설립하였다. 서울시 공공건축가와 한양대학교 건축학부 겸임교수로도 활동하고 있으며 2015년 김수근 건축상 프리뷰상, 신사동 공공도서관, 서울시청 광장 공연 무대, 한양도성순성안내쉼터 설계 공모전에서 최우수상을 수상하였다.

Jo Jinman

Jo Jinman Architects

Jo Jinman is a founder of Jo Jinman Architects, established 2013 in Seoul and Beijing. He is a public architect at the Seoul Metropolitan Government and an adjunct professor at Hanyang University. He graduated from Hanyang University (Seoul) and Tsinghua University (Beijing). From 2002 to 2012, he worked for OMA (Office for Metropolitan Architecture) and IROJE architects & planners, where he accumulated worldwide experience in completing urban projects with diverse cultural contexts. The firm is currently developing designs for a visitor pavilion at the Seoul Fortress Wall, the Du-Re house in Seoul and an office complex in Beijing.
He was awarded the Kim Swoo Geun Prize Preview Award in 2015.

Proposal for Bauhaus Museum Dessau

바우하우스 박물관 계획안

Dual Spine City:

RE-STRUCTURING SEUNSANGGA CITYWALK

세운상가 공공공간 계획안

Jo Jinman Architects

조진만 아키텍츠

Proposal for Bauhaus Museum Dessau

바우하우스 박물관 계획안

바우하우스 박물관 계획안

설계 | 조진만 아키텍츠(조진만)
설계담당 | 조진만, 홍욱의
위치 | 데사우, 독일
용도 | 전시 및 교육시설
대지면적 | 8,300m²
건축면적 | 5,859m²
연면적 | 5,267m²
규모 | 지상2층
건폐율 | 42%
용적률 | 80%
구조 | 철골프레임

Architect | Jo Jinman Architects
Design team | Jo Jinman, Hong Ukee
Location | Dessau, Germany
Programme | museum
Site area | 8,300m²
Building area | 5,859m²
Gross floor area | 5,267m²
Building scope | 2F
Building to land ratio | 42%
Floor area ratio | 80%
Structure | steel frame

조진만의 경우

조진만 아키텍츠의 조진만은 1975년생으로, 한양대학교 건축학과를 졸업한 2002년 승효상 건축가의 이로재종합건축사사무소에서 실무를 시작해 실장으로 대학로 쇳대박물관(2002~2003) 등의 설계를 진행했습니다. (비고: 2002년이면 1997년 연말의 외환위기로 인한 혼란이 어느 정도 정리가 돼서 새로운 판세가 형성될 시점—얼마 뒤 노무현 정권의 시작—이었다는 점을 상기할 필요가 있습니다.) 2008년부터 이로재의 베이징사무소에서 지사장으로 일했고, 그에 맞춰 칭화대에서 석사 과정을 밟았습니다. 그러나 2008년의 세계 금융 위기로 프로젝트들이 좌초되고, 2009년에는 OMA의 로테르담 사무소로 자리를 옮겨 2012년까지 시니어 아키텍트로 일하게 됩니다. 중국에서의 실무 경험만 이야기로 풀어도 파란만장한 책 한 권이 나올 판입니다. 한국에서 청년 건축가가 제 이름을 걸고 건축설계사사무소를 운영해서 생존하려면 이 정도 고생을 각오해야 하는가 하는 의문이 들기도 합니다(고생은 적게 하면 좋다고 생각합니다. 물론, 그는 "여행하는 마음으로 즐겁게 일했다"고 말합니다). 2013년 귀국해서 한양대학교 공과대학 건축학부 겸임교수가 됐고, 동시에 조진만아키텍츠를 설립해 본격적인 독자 활동을 시작했습니다. 2014년부터 2015년 현재까지 서울시 공공건축가로 일하고 있기도 합니다.

한데, 그의 독자 설계안을 보면, 이로재나 OMA의 스타일과 거리가 멉니다. 크게 영향을 받은 면이 있을 법도 합니다만, 대체로 다릅니다. 설계안을 보면, 일단은 무뚝뚝한 공돌이 타입의 어프로치가 두드러집니다(상당히 한국 남성적이에요! 부정적인 뜻이 아닙니다). 하지만 자세히 들여다보면 굉장히 푸근하고, 또 의외로 염치를 생각하는 지점에서 타협을 보는 묘한 패턴을 발견할 수 있어요. 거시적 방향성을 제시하는 방법론을 강조하는 일도 없습니다. 노골적으로 말하자면, 공모전에서 통할 법한, 브랜드 이미지 관리 차원의 세일즈피치가 하나도 없어요(사무실을 봐도, 클라이언트를 낚기 위한 장치가 눈에 띄지 않습니다. 이것에 관해 물으니, 그러고 싶은 마음이 전혀 없고, 귀찮다고 답하더군요. 세련되거나 실험적인 느낌이 나도록 연출해놓지 않은 사무실을 보고, 실망한 채 돌아가는 새로운 제안은 박물관의 전면성이 도시의 모든 방향으로 확보되고 공원의 일부가 되어, 기존의 단절된 도시 가로를 복원한다. 박물관에 진입하는 순간 바우하우스의 위대한 역사와 풍요로운 흔적, 그 혁신적 철학과 패러다임을 즉각적으로 경험하도록 구성했다. 이는 아래 세 가지 개념을 통해 구체화하였다.

어반 캐노피

역사와 주변 환경, 자연과 예술, 외부와 내부… 모든 요소는 거대한 도시의 캐노피를 통해 통합한다. 이 형상은 오래전 도시 가로의 흔적에서 유추됐다. '연계'와 '정체성의 회복'으로서의 어반 캐노피는 2차 대전 이 도시가 파괴되기 전의 가로의 흔적을 복원하며 그 하부에 식생하는 기존 나무와 녹지체계를 보존한다.

뮤지엄 테라스

도시의 모든 방향에서 접근할 수 있다.
각 방위별로 배치된 4개의 진입 테라스는 1층에서 박물관의 공용 프로그램인 교육, 이벤트, 카페테리아 등과 연계되어 다양한 문화적 프로그램이 도시와 공원으로 확장을 만든다. 이는 단지 박물관을 방문하는 외부 관광객뿐 아니라 지역 사회와 인근 주민들이 일상생활 속에서 누릴 수 있는 다목적 문화의 플랫폼으로 도시과 박물관의 가교 역할을 수행할 것이다.

오버뷰 홀

로비는 거대한 계단식 전시공간으로 관람객이 입장해 상설 전시 공간으로 진입하는 통행 동선의 역할을 함과 동시에 박물관의 전체 개념과 공간구성을 백과 사전식으로 구성하여 바우하우스의 유물뿐 아니라 데사우 지역에 산재해 있는 포괄적 유산들과 프로그램들의 개관 전시가 일목하에 이루어지도록 하였다.
일반적으로 이제까지 현대 박물관의 건축유형은 도시 가로에 하나의 상징물로서 그 형태적인 행위를 강조해왔다. 그러나 이 박물관의 경우 반대로 어떻게 하면 건축이 더 투명해지고 주변 풍경속에 녹아들어 조화될 수 있는지, 극단적으로 건축이 관계성과 연계성의 도구로서만 존재하도록 하였다.

방문객도 꽤 많다고 합니다. 하지만 생존의 욕망이 부족한 것은 아닙니다. 한국에 돌아와서 길을 가다가 갑자기 아무 사진관에나 들어가서 홍보용 프로필 사진을 찍거나, 스스로 위키 페이지를 만들어놓거나 하는 면모를 보면, 분명히 사업가로 생존하겠다는 의지도 있습니다). 그런데도 작업에서 연이어 나타나는 공통된 특징이 있다면, 시대성을 부정하는 것처럼 보이는 해결책을 제시하는 경향일 텐니다. 어떤 이상한 고집이 있어요. 그런데 그게 좀 'O신 같지만' 멋있습니다(대신, 그에겐 이로재 시절부터 갈고 닦은 자신만의 프레젠테이션의 방법이 있는 듯합니다. 주요 사례들의 슬라이드들을 순서대로 배열해놓고 매 상황에 맞춰 자신의 이야기를 즉흥적으로 대본 없이 풀어내는 식인 것 같아요. 하지만 저도 아직 직접 들어보지는 못했네요).

물론, OMA식 방법론의 영향이 드러나는 경우가 전혀 없지는 않아요. 현재 프로젝트가 진행 중인 산새마을 두레주택의 경우, 유닛을 층적해 다세대 주택의 기본 기능을 구현하고, 지역의 버내큘러 건축에서 계단 구조를 전유해 건물 내부로 상승 동선의 드라마를 삽입해 넣는 것이 기본 아이디어입니다. 그 동선 구조에 붙은 설명은 '공중의 골목: 기능에서 이벤트로'이고, 층적 구조에 붙은 설명은 '유닛: 공동에서 사적 사용으로' 입니다. 알리바이로 버내큘러 주택의 유기적 질서가 제공하는 공간 경험을 들고 있는 셈인데, 이를 설득하는 인용문으로 레온 바티스타 알베르티를 인용하고 있습니다. "도시는 큰 주택이며, 주택은 최소 도시다." 망상 구조가 간결하고 또 실용성도 쉽게 확보될 법한, 크게 흠잡을 군더더기가 없는, 프로페셔널한 어프로치입니다. 하지만 그의 시대 착오적 충동이 잘 나타나지는 않습니다.

반면 의도적 시대 착오성이 두드러지는 경우는, 데사우의 바우하우스 박물관 계획안입니다. 물론 제가 주요 사례로 언급하고 있으니, 지어지지 못한 설계안이죠. 바우하우스가 아니라 메타볼리즘을 연상케 하는 격자 구조의 다소 육중한 상부 구조를 걷어내면, 옛 도시의 질서를 바탕으로 뮤지엄의 기능을 충족하는 전시 공간이 구현되는 2층짜리 구조가 제시되는데, 이게 겉에서 뵈는 것과는 다소 의외의 모습입니다. (비고: 굳이 옛 도시의

The proposal is to design a museum which offers 360° accessible from any side of city and park for anyone immediately an overwhelming sense of richness of belonging to a great history of Bauhaus, a revolutionary philosophy and paradigm with enhancing urban street and open space network as a part of whole city. A series of important concepts are introduced as follows to make this feasible.

URBAN CANOPY

History, surroundings, nature and art, inside and outside; all are connected below a large roof plate which coincide with trace of old city memory. The urban canopy-space of identification and linkage-is introduced for the recovery of the historical street-scape while preserving existing trees and green system at the same time. Additionally it creates ambiguous boundary between the city and museum to make attractive convergence of public with experience of art.

MUSEUM TERRACE

Access to the museum is organized from all the points of city, the periphery to the center of museum without any border. Periphery of museum foyer, four characteristic terraces are scattered around each entrances with direct linkage of museum's public programs such as education, events and cafeteria. It will fully accommodates or invokes various cultural/artistic events of not only for the museum visitors but also for local community as cultural platform as transitional space in-between city and museum.

OVERVIEW HALL

The foyer is composed with grand steps of walk-through wunderkammer which bringing together elements from all parts of the museum into an encyclopedic overview of Bauhaus and bridging other local Bauhaus remains and programs collectively as well. Erased form, Emphasized street-scape; In general museum occupies massive formal gesture to the street as a monument. However in contrary here, It's melted into and even disappeared into the city and park with the playing of transparency and reflectiveness of the facade materiality. Ultimately architecture here only exist in the form of relationship and connectivity.

선을 존중하는 방식은, 승효상의'터무늬론'을 연상케 하기는 합니다.) 헌데, 이러한 내부의 층위·개념구조와는 달리, 가로에서 보면, 지붕 구조 아래로 반사재를 사용해 주변의 공원이 안으로 확장되는 착시 효과를 노리도록 꾸며놓았어요. 모더니스트의 브루털리즘 건축처럼 생겼는데, 처마에 환영적 장치를 시도한다니, 황당하죠. 스트리트뷰로 제시한 가상도를 보면, 또 퍽 음전합니다. 콘셉트가 황당한 것에 비하면, 느낌이 아주 차분합니다. (비고: 육중한 느낌의 상부 구조는, 기둥이 없는 스팬 구조를 구현하다 보니 격자가 두꺼워졌다고 해요. 조형적 의도는 아니라는 거죠.)

시대 착오적 요소의 결합이라는 방식이 퍽 희한하지만, 공돌이의 로망이 막 펼쳐진달까. 확실히 매력이 있습니다. 문제는, 이런 이상한 어프로처로 공모전에서 승리를 거둘 수 있을까요? 그는 이렇게 말합니다. “시대 착오적인 걸 시도하는 방식이 내게는 매력적입니다. 너무 그 시대를 뻔하게 표피적으로 읽어서 다들 비슷한 것을 만들어내고야 마는 방식은 이제 구식이 아닐까요.” OO씨는 조진만의 이런 아저씨스러운 디자인 어프로치를 꽤 좋아할 것 같은데, 어떨지 모르겠습니다.

한데, 이러한 의도적 시대 착오성이 공간을 구획하고 설계하는 과정에서 한 차례 더 조진만식으로 처리되는 차원이 있습니다. 바로 '용도 변경'이죠. 그는 원래의 계획과 다르게 잘 사용되고 있는 공간을 보면 흥미를 느낀다고 하는데요, 그래서 본인이 설계하는 건물에서도 용도 변경의 가능성을 찾아서 미리 그 가능성을 물화해버리는 다소 '골 때리는' 디자인을 시도합니다. 경주박물관 종합수장고 설계안에서는 '가변적 문화 마당'이라는 걸 제시해서 용도 변경의 가능성을 활짝 열어놓았고, 서소문 밖 역사 공원 순교성장 및 기념전시관에서도 '한국인의 뛰어난 적응력'을 믿고 내부 공간의 기능 분화를 유보해버리는 과단성을 드러냈습니다. 이렇게 공간의 기능적 미분화를 긍정해버리는 모습은, 실제로 지어진 설계안인 층층마루집의 경우에서도 잘 나타납니다. 이 건물은 사생활 구분이 잘되지 않는 희한한 집으로, 가장 문제적인 요소가, 중년의 부부가 섹스할 곳이 마땅치 않다는 점입니다. 침실의 벽이 미닫이문으로 이뤄져서 방음이 거의 불가능한 구조거든요. — 계속

로비는 거대한 계단식 전시공간으로 관람객이 입장해 상설 전시 공간으로 진입하는 통행 동선의 역할한다.

The foyer is composed with grand steps of walk-through wunderkammer bridging other local Bauhaus remains and programs collectively as well.

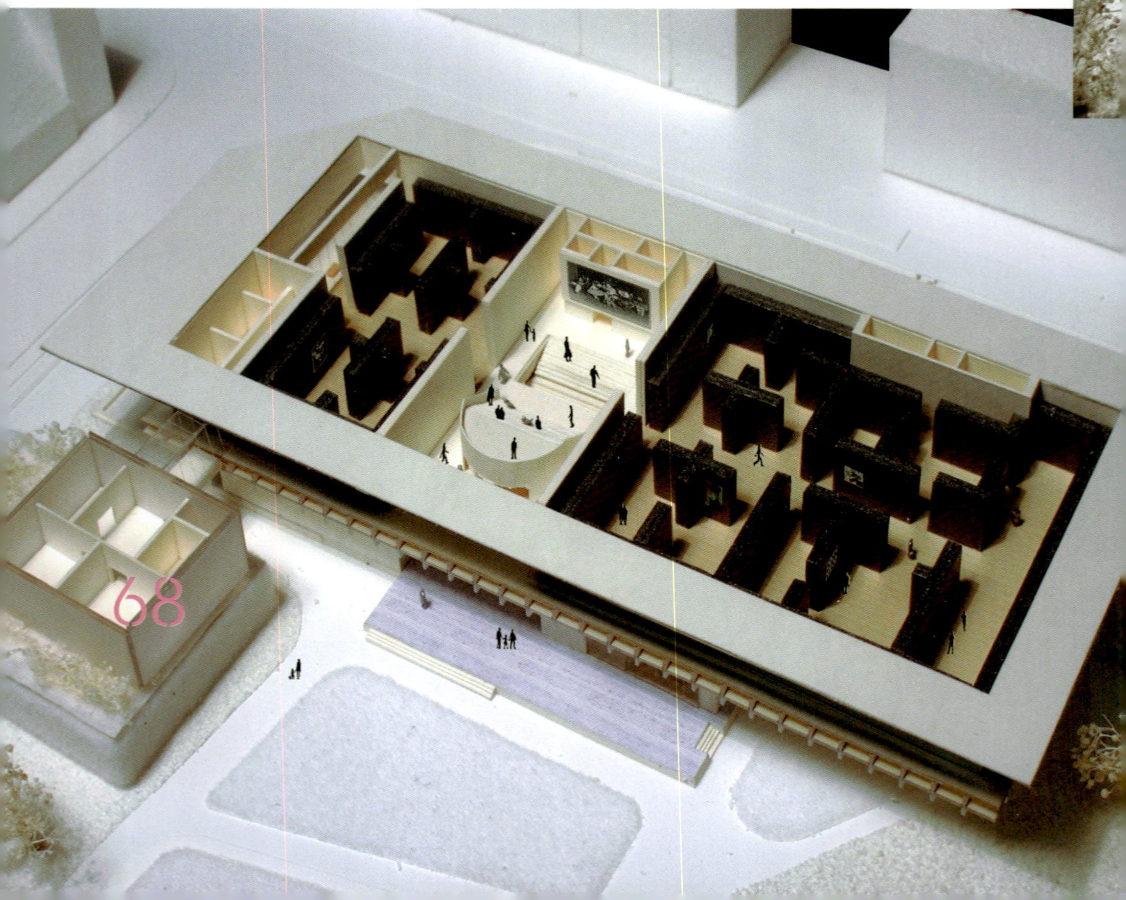

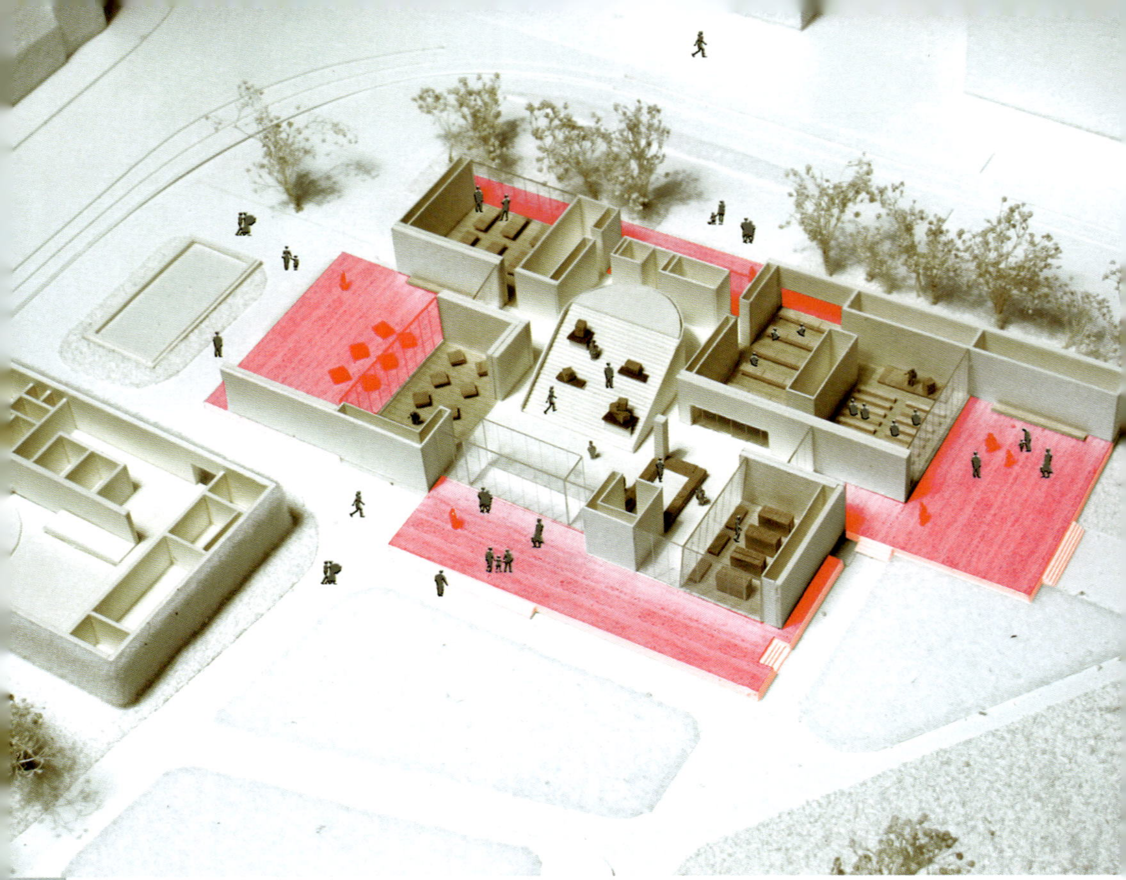

도시의 모든 방향에서 접근할 수 있다. 각 방위별로 배치된 4개의 진입 테라스는 1층에서 박물관의 공용 프로그램인 교육, 이벤트, 카페테리아 등과 연계되어 다양한 문화적 프로그램이 도시와 공원으로 확장을 만든다.

Access to the museum is organized from all the points of city, the periphery to the center of museum without any border. Periphery of museum foyer, four characteristic terraces are scattered around each entrances with direct linkage of museum's public programs such as education, events and cafeteria.

Elevation

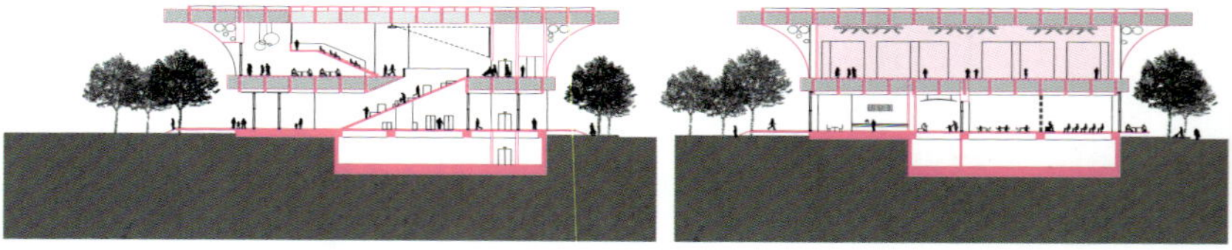

Section

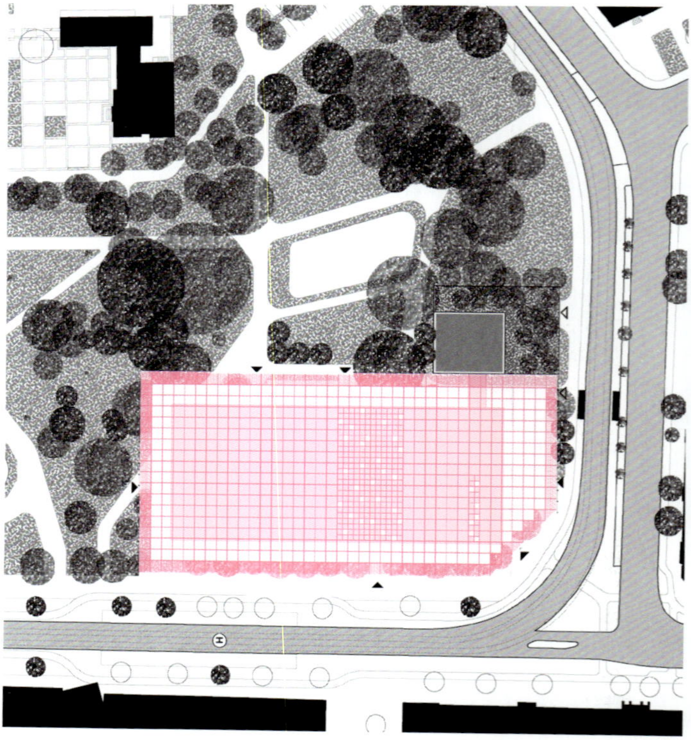

Site plan

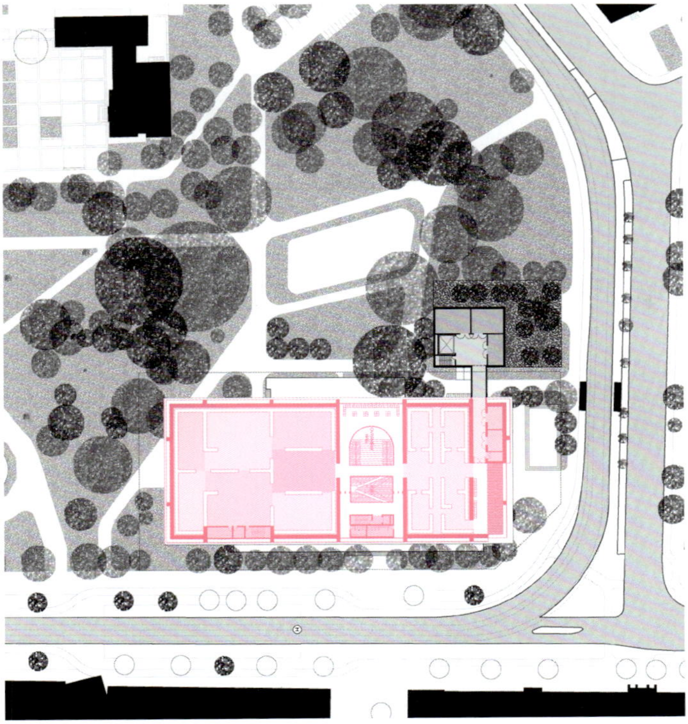

2F Plan

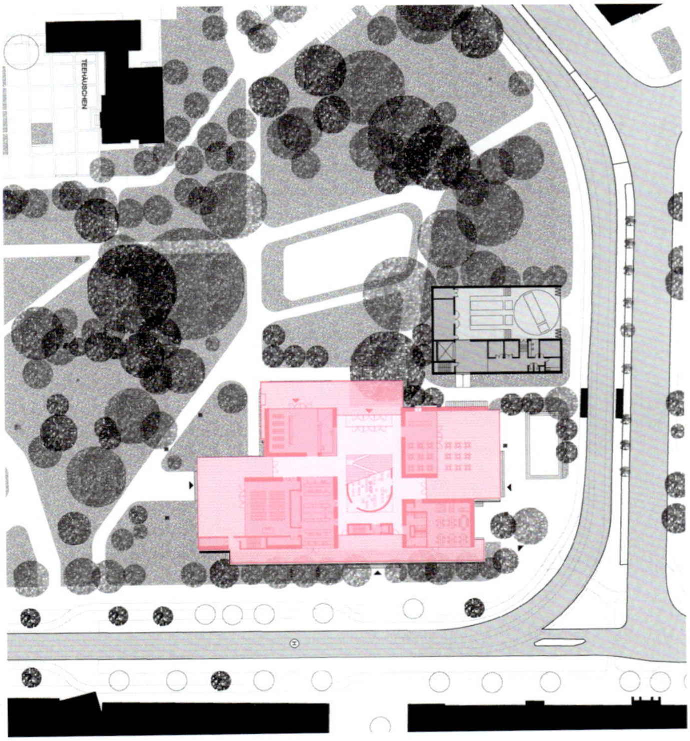

1F Plan

일견 모순된 도시 가로 연속성의 확보와 기존 수목의
보존은 박물관 지붕의 독특한 캔틸레버 구조로 화합되고
반사되는 재료는 건축이 배경으로 남게한다.

In the Case of Jo Jinman

Jo Jinman of Jo Jinman Architects, born in 1975, graduated from the Department of Architecture at Hanyang University, and started his practice at IROJE Architects & Planners of architect Seung H-Sang in 2002, carrying out Museum for Locks (2002~2003), etc. (note: It is noteworthy that the years 2002 - 2003 was a time when new situations were being formed with the turmoil of the financial crisis in late 1997 nearly finished and the Roh Moohyun administration was about to start). He worked as Beijing branch director of IROJE since 2008, starting a master course at Tsinghua University. But projects were suspended due to the global financial crisis in 2008 and he moved to the OMA Rotterdam office and worked as a senior architect until 2012. His experience of practice in Beijing may be enough to write a book full of turbulent stories. I wonder whether young architects in Korea should be prepared for suffering from such adversities to survive while running their own architectural design firm(I think the easier, the better. Of course, he said "I enjoyed working as if I were on my journey."). He became an adjunct professor in the Department of Architecture at Hanyang University, and founded Jo Jinman Architects to start independent work. He has been working as a Seoul Metropolitan Government public architect since 2014.

But his own design seems quite different from the IROJE or OMA style. Though he could be much influenced by them, he is different at large. At a glance, it is noticeable that his design approach seems gruff like an engineering student(Many of his designs are executed in a quite Korean-manly manner! I don't mean to be negative here.). But a

Dual Spine City

RE-STRUCTURING
SEUNSANGGA CITYWALK

세운상가 공공공간 계획안

세운상가 공공공간 계획안

설계 | 조진만 아키텍츠(조진만)
설계담당 | 조진만, 홍욱의
위치 | 서울특별시 종로구 종로3가 175-4 일대
용도 | 복합 공공프로그램
대지면적 | 43,575m²
규모 | 지상 3층
구조 | RC(동), 철골프레임(서)

Architect | Jo Jinman Architects
Design team | Jo Jinman
Hong Ukee
Location | 175-4 Jongno 3ga-dong
Jongno-gu, Seoul
Korea
Programme | multi public
programme
Site area | 43,575m²
Building scope | 3F
Structure | RC(east)
steelframe(west)

closer look shows a subtle pattern which is very warm and unexpectedly compromising at the point of thinking of a mutual sense of honor. He doesn't emphasize methodology to suggest macroscopic direction. To be direct with you, he doesn't make any sales speech to manage his brand image for competition(In his office, I couldn't find any device to attract clients. When I asked about this, he answered he has absolutely no intention to do so and it is bothersome. He said that quite a few visitors left disappointed about his office without any decorations that make it refined or experimental. But it doesn't mean that he lacks a will to survive. Considering his behavior such as suddenly taking his profile picture for promotion when he came back to Seoul, Korea and creating a Wikipedia page by himself, he surely has a will to survive.). It is a trend to suggest an atemporal solution seemingly denying the sense of the times that is a common characteristic continuously found in his work. He possesses a strange tenacity. Though it seems a bit freaky, I like it(Instead, he seems to have mastered his own presentation method since he practiced at IROJE. He arranges a series of slides of important cases and he tells his own story ad lib to each situation. But I haven't experienced it yet.).

Of course, it is not that the influence of the OMA style methodology doesn't appear at all in his projects. The basic idea of the ongoing Sansae Village Du-re House is to realize basic functions of multiplex housing by stacking units and inserting drama of ascending flows into the building through stair structures borrowed from local vernacular architecture. He describes the flow structure as an 'alley in

새로운 '이중 척추 도시'는 가변성, 다양성 그리고 무한한 가능성의 장으로서 우리 사회를 조직하는 장치다. 대지는 오랜 역사와 기억을 가지고 있지만, 급속도로 스프롤화 되어가는 주변 지역에 대한 해결책이 필요하다. 이 프로젝트는 하나의 축소된 도시-시간의 흐름에 따라 역동적으로 변하고 끊임없는 이벤트를 만드는 과정의 기능적인-조직이 된다. 기존 세운상가와 새로이 계획된 지구단위 계획을 면밀하게 분석했다. 그 결과 이 프로젝트의 구조는 새로운 녹도가 도입되는 부분의 입체 테라스와 추가적인 교통로가 도입되는 부분의 식물원으로 이원화된다. '실내, 실외', '지면, 공중', '개방, 폐쇄', '채움, 비움'이라는 상반되는 요소가 역동적이고 상호 보완적으로 통합된다. 결과적으로 두 가지 보완적 구성을 통해 세운상가는 도시 녹지와 보행 체계의 중심으로서 인근 지역을 새롭게 활성화할 것이다.

식물원

기존 입체 통행로에서 도시의 거실이 된다. 기존 데크의 프레이밍을 통해 도시 녹지 네트워크를 재구조화한다. 일종의 기반시설 같은 프레임을 통해 하루, 사계절의 변화 속에서도 지속적인 정주성과 거주성을 구현한다. 선형 식물원은 기존 세운상가의 창의적인 생산/제조 공간과 만나 매력적인 도시 산책로를 만든다. 2겹의 격자형 구조 내부는 다양한 이벤트와 가변적 프로그램을 지원하기 위한 설비와 정보의 인프라가 삽입된다. 이런 장치를 바탕으로 시민과 시가 주체가 되어 새로운 도시 문화를 생산할 것이다.

입체 테라스

고가 보행로에서 입체적 테라스의 네트워크가 된다. 기존의 3층 레벨의 보행데크를 지면레벨부터 입체적으로 다층화한다. 새로이 더해진 2개 레벨이 이전의 이분법적인 지면/데크라는 구조를 흩트리고 지면에서부터 새로 구성된 상업과 문화, 체험 공간이 입체적인 테라스의 구성과 만나 지면에서 3층까지 보다 유동적이고 활기차게 연결되도록 한다.

the air: from function to event', and stacked structures as a 'unit: from public to private use'. While he takes spatial experiences given by organic order in vernacular houses as his alibi, he quotes Leon Battista Alberti with the purpose of persuading this; "The city is like a great house, and the house is in turn a small city." With a simple structure of delusion and easy securement of practicality, it is a professional approach without superfluity to blame. But it doesn't reveal his anachronous impulse that much.

On the other hand, he intentionally emphasized an anachronous sense in the Bauhaus Museum Dessau. Of course, it is an unbuilt proposal for I take it as an important example. Removing a bit of the heavy upper structure which reminds more of Metabolism rather than the Bauhaus shows a two-story structure realizing exhibition spaces fit for museum functions based on the order of an older city, which is quite unexpected compared to its external appearance. (Note: His method showing respect to the lines of old city reminds me of the theory of '*toemunui* [site trace]'.) But, unlike such internal hierarchical concepts and structure, reflective materials are used under the roof structures to create illusion as if a nearby park is extended inwards when viewed from the street. It looks absurd as he tried to use illusive device eaves in spite of its appearance resembling Modernist's Brutalist architecture. The street view image is quite gentle though. Compared to this nonsensical concept, it feels quite calm. (Note: Heavy upper structure is said to have thick grids due in order to realize column-free span structures. It means that this is not originated from design intentions for a better composition.)

The new 'Dual spine' is designed to be a social condenser for diversity, a field that can produce an infinite amount of possibilities. The project is a compact mini-city—an antidote to the sprawl of the district with profound urban memories and history, and a means to invoke the functioning matrix of connective tissue that organize not only objects and spaces but also the dynamic processes and events that move through them. The composition of dual spine–Botanical garden & Layered terrace is based on careful analysis of the future unit plan of the district which indicate that the major two side of the site will be facing to completely different urban condition-A linear park and service road. Its asymmetrical and ambivalent characteristic identity—inside/outside, on ground/elevated, opened/enclosed, solid/void-working as a dynamic and responsive complementary system to maximize site potential and connectivity in time. Eventually the proposal will revitalize Seunsangga Complex's status as a center of pedestrian axis and urban industry by creating a space with new cultural value that will breathe life into the whole district.

BOTANIC GARDEN SPINE

From pathway to the 'u rban living room'. Re-Structuring urban green network through 'Re-Framing' of the deck. Infrastructural frame work provide constant livability throughout hot summer to freezing winter, 24hour active urban condition. Linear botanical garden is designed to make attractive urban promenade experience in a mutual interaction with existing manufacturing industries and amenities. In addition to the grid frame structure, network of various building services, energy and information are equipped to support temporary events, seasonal changes, surprise and future adaptation.

LAYERED TERRACE SPINE

From elevated pathway to the three dimensional terrace network. Re-structuring urban green network through 'Multiplying' of the deck. Newly added 2nd level erase previous dichotomous reading—ground/deck— and enhance streetscape with various programatic infills and maximize connectivity. Regarding program for the ground level, mainly retails will be added faced to new linear green park to draw pedestrian flow from surroundings. And 2nd level will be cultural bridge where links existing manufacturing industries with retail pedestrian flow. Finally 3rd floor, there will be mixed combination of existing old workshops with new amenities having fully open vista to the linear park.

Though the combination of anachronous elements is quite a strange method, it looks like a full-blown fantasy of an engineering nerd. It is not-so-much obviously attractive for sure. The thing is that I am afraid whether he can win a design competition with such a strange approach. He argues "I am tempting to trying something anachronous. I think it would be old-fashioned if we try to read only the superficial aspect of time in a predictable way, ending up producing all very similar results." I think you may quite like this K-macho design approach of Jo Jinman, but I can't be sure.

By the way, there is one more dimension in which such intentional anachronism is dealt with in Jo Jinman's way during the process of space planning and design: 'change of building uses.' He is said to feel an interest in a space which is utilized well in different use from its original one, and he tries a bit of an 'off-kilter' design in which he finds potential use in change in his design and materializes the possibility in advance. He left open the possibility of use change by suggesting a 'flexible culture garden' in his proposal for the main storage center for The Gyeongju National Museum, and he also showed decisiveness to reserve functional division of inner spaces relying on 'Korean people's excellent adaptability' in the Design Competition for Seosomun-bakk Historic Site. In addition, he showed affirmative attitude toward undivided space in terms of functions in his realized project the Layered Terrace House. This house is very strange in that privacy is not ensured and most of all it is the biggest problem that there is no place for a middle-age couple to make love. The main bedroom is far from soundproof as it is partitioned off by sliding door. —Continued

기존 데크의 프레이밍을 통해 도시 녹지 네트워크를 재구조화한다.

Re-Structuring urban green network through 'Re-Framing' of the deck.

고가 보행로에서 입체적 테라스의 네트워크가 된다. 기존의 3층 레벨의 보행데크를 지면레벨부터 입체적으로 다층화한다.

From elevated pathway to the three dimensional terrace network. Re-structuring urban green network through 'Multiplying' of the deck.

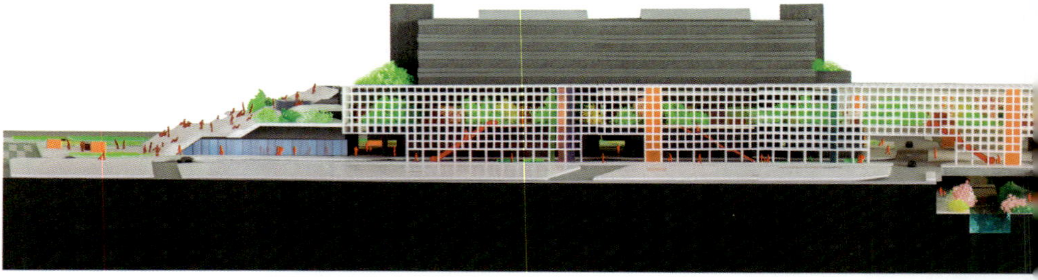

West elevation

East elevation

이은경
이엠에이 건축사사무소

이은경은 이엠에이 건축사사무소 대표로 서울대학교 건축학과에서 학사와 석사, 네덜란드 베를라헤 인스티튜트에서 건축도시 석사과정을 졸업하였고, 건축가 민현식, 자비에 드 가이터, 리켄 야마모토 등의 사무실에서 실무를 익혔다. 한국 건축사와 네덜란드 건축사를 취득하였고 현재 서울시 공공건축가로서도 활동하고 있다.

Lee Eunkyung
EMA Architects & Associates

Lee Eunkyung is a principal of EMA Architects & Associates. She received her B.S and Master degree in architecture at Seoul National University and studied architecture and urban design at the Berlage Institute from which she graduated. She had practiced under architect Min Hyunsik of Kiohun Architects & Associates, Xaveer de Geyter Architects and Riken Yamamoto & Field Shop. She is a member of Korea Institute of Registered Architects, Stichting Bureau Architectenregister in the Netherlands and public architects of Seoul Metropolitan Government.

EMA Architects & Associates

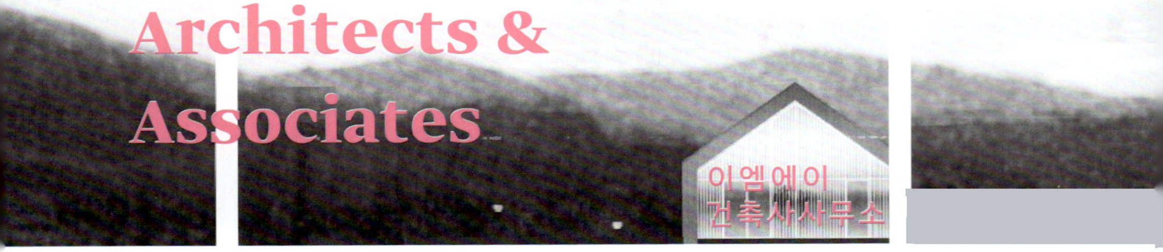

이엠에이 건축사사무소

Proposal for Seniors Welfare Center of Yeongju-si

영주시 노인종합복지관 신축공사 설계공모

Proposal for Woodcraft Center of Jinju-si

진주 목공예 가구가공 센터 신축공사 설계공모

영주시 노인종합복지관 신축공사 설계공모

Proposal for Senior Welfare Center of Yeongju-si

설계 이엠에이 건축사사무소 (이은경, 유영수) 설계담당 박수지 위치 영주시 휴천3동 642-1152
일원 용도 노유자시설 대지면적 2,000m² 건축면적 1,179.19m² 높이 9.28m 규모 지상2층, 지하1층
연면적 2,622.16m² 건폐율 58.96% 용적률 77.74% 구조 철근콘크리트, 철골구조
외부마감 투명복층유리, 고밀도목재압축패널

ARCHITECT EMA Architects & Associates (Lee Eunkyung, You Youngsoo) DESIGN TEAM Park Soojee
LOCATION 642-1152, Hyucheon-dong, Yeongju-si, Gyeongbuk-do, Korea PROGRAMME nursery
SITE AREA 2,000.00m² BUILDING AREA 1,179.19m² HEIGHT 9.28m BUILDING SCOPE B1, 2F
GROSS FLOOR AREA 2,622.16m² BUILDING TO LAND RATIO 58.96% FLOOR AREA RATIO 77.74%
STRUCTURE reinforced concrete, steel frame

이은경의 경우

이엠에이 건축사무소의 이은경은 1975년생으로 서울대학교 건축학과에서 학사와 석사 과정을 마치고, 네덜란드 베를라헤인스티튜트의 건축도시 과정에서 석사 학위를 취득했습니다. 2001년 서울대학교 대학원을 졸업한 뒤 약 5년간 건축사사무소 기오헌에서 일했고, 2006년 hna 온고당건축사사무소에서 잠시 연구원으로 일한 바 있습니다. 2008년 베를라헤 인스티튜트를 졸업한 이후, 자비에 드 가이터 건축사무소에서 1년간 일했고, 2009년부터 다시 1년간 일본 리켄 야마모토 건축사무소에서 일한 바 있습니다. 귀국 후 2011년 3월 이엠에이 건축사사무소를 설립해 오늘에 이르고 있습니다. 학교를 함께 다녔을 테니, OO씨가 이은경의 작업을 더 잘 알고 있을는지도 모르겠어요. 올 1학기부터는 모교에 출강도 하시던데.

수상자들을 직접 만나 인터뷰하기 전에는, 이은경에 대한 편견이 제일 컸어요. 인터넷으로 검색해보니까 클라이언트에게 어필하기 위한 마음의 무장 자세가 상당하시더라고요. 반면, 만리동 예술인 협동조합형 공공주택처럼 널리 알려진 공공주거 설계안들은 꼼꼼하게 설계된 모습이기는 해도, 어떤 현대 건축가적 망상을 읽어내기는 어려웠습니다. 파주출판도시 2단계 건설운영본부의 경우를 보면, 내부 구조는 다르지만, 외피는 쿤스트하우스브레겐츠를 연상케 하고, 또 그 외피 안으로 전개되는 동선이 상당히 불편하게 돼 있어서, 이건 뭘까 싶기도 했어요. 설계사무소에 가보니 역시 클라이언트를 낚기 위한 여러 장치가 있었습니다. 낡은 도시형 한옥을 개조한 건물인데, 대문부터 영업용 자세를 갖추고 있었다고 할까요? 하지만 대화를 나누며 이것저것 묻다 보니, 건축가의 망상은 아주 잘 염치 있게 은폐돼 있었습니다. 왜 뭘 지어도 박스 형태로 건축적 요구에 응하는 것일까에 대해 의문을 해소하기 어려웠는데 인터뷰해보니, 이유는 하나였습니다. 이분의 마음속엔 다스베이더랄까, 뭔가 나치 같은 가상적 대목수가 인스톨돼 있었습니다(네, 역시 시대 착오적인 면이 감춰져 있는 셈이에요). 세 팀의 수상자 가운데, 클라이언트 친화적 외양과 달리 마음속이 가장 어두운 이는,

지방 도농통합 중소도시는 서비스 산업이 있는 도심부와 전답과 임야가 대부분인 주변부로 공공서비스가 불균형하게 분포되어 있다. 신시가지 아파트로 인구가 몰리며 구시가지 중심부의 공동화, 감소하는 인구 대비 노인인구 비율 증가라는 공통된 문제를 가지고 있다. 영주시 노인종합복지관은 이러한 문제에 직면하여 노인의 제2의 인생을 위한 건강한 생산 활동을 지원하는 형식으로 도심의 활력을 만들어내는 제안이다. 이 프로젝트는 마을 경관이 연속되도록 가능한 많은 면적을 지하와 지층 레벨에 넓게 펼쳐 배치하고 그 상부는 주변 마을 집들의 스케일을 반영한다.

내부 공간을 외부 광장으로 확장하여 노인의 여가 혹은 경제활동을 위한 '생산녹지'로서 텃밭을 적극적으로 포함한다. 주어진 프로그램은 도시 특성을 반영하여 원거리/근거리의 접근성과 몸이 건강한 정도에 따라 다르게 요구되는 프로그램으로 재조직되고, 공동작업공간의 가공제품을 가변적 판매대로 이벤트화한 장터가게, 식사시간 이외에 지역민 모두가 활용하는 장터식당, 대중서비스 시설을 두어 커뮤니티를 형성하는 사랑방과 목욕탕으로 등으로 재해석된다.

Small and medium-sized urban-rural integration cities have the following problems in common; an unbalanced distribution of public services between the service industry driven city center and it's surrounding rural areas; the decline of CBD's in the old city centers due to population migration to apartments in new towns; an increasing percentage of senior citizens in tandem with a decrease in the total population. The Youngju Senior Welfare Center proposes to face these problems by creating vitality in the city center in the form of supporting productive activities for those looking forward to a useful life after retirement.

In order to blend in with the village landscape, this project plans to utilize as large an area as possible at the underground and ground level and to have the ground floor reflect the scale of the houses in the surrounding village. It includes a kitchen garden and extends the interior space to an outdoor plaza, actively encouraging the elderly inhabitants to participate in 'productive green activities. Programs will take into account the characteristics of each locale, such as travelling distances and the physical health of the residents, and the products of these workshops can be sold in open market areas designed for flexible stand events. Facilities will also include a marketplace restaurant that can be utilized by all residents, guest rooms and public baths to encourage a sense of community

단연 이은경이라고 생각합니다. 네, 저는 소실점을 바라보며 흑화한 마음을 염치로 봉인해놓은 캐릭터를 좋아합니다. 즉, OO씨가 이은경의 작업을 좋아할 것 같지는 않아요.

만리동 공공주택에서 제가 발견한 특징 가운데 하나는, 이 집이 독일의 1930년대생 할머니들이 참 좋아할 구조를 갖추고 있다는 겁니다. 언제 외출하고 귀가하는지 서로서로 감시할 수 있도록 디자인돼 있거든요. 하지만 그건 출입 동선에서만 그렇고 주거 프라이버시는 철저하게 유지됩니다. 외부자의 시선으로 건물을 봐도 내부 공간의 기능적 분화를 유추하기 어렵게 해놨어요. 스토킹하려고 하면, 좀 머리를 써야 하는 외피의 건물이랄까요. 한국의 건축가가 이리 시선의 교환 가능성을 몹시 의식하면서 건물을 설계한 경우를, 사실 처음 봤습니다(그런 면에서 이은경의 캐릭터는 조진만과 대조를 이룹니다). 그렇다면, 이런 아돌프 로스스러운 시선 강박은 어디에 유래하는 것일까요? 실용적 차원 너머의 망상은 어디에 숨어 있을까요?

인터뷰가 어느 정도 진행됐을 때, 건축가의 야망과 망상을 드러내는 책의 역할에 관해 이야기가 나왔고, 그가 검은 책자를 하나 보여줬습니다. 2007/2008년 베를라헤 시절에 제작했던 리서치 리포트였어요. 제목은『도시의 한계: 서울을 위한 전략적 프로젝트(The Limits of the City: A Strategic Project for Seoul)』. 무슨 주세페 테라니가 서울 개조 계획을 세운 결과물 같더군요. 오늘의 시공에 부합하는 건물을 짓기 위한 건축설계 작업에서 전모를 파악하기 어렵던 그의 망상이, 1930년대 파시스트 수준의 전지적 시점을 통해, 매우 논리적이고 이성적인 양태로, 서울 곳곳을 질주하고 있었습니다. 서울을 배경으로 양차 대전 사이의 모더니스트 비전이 검은 날개를 펼치는 모습은 처음 봤습니다. 왜 건축가들은 서울에서 뭘 한다고 하면 자꾸 착한 척을 하잖아요? 그게 없으니까 참 좋더라고요. 그렇다고 해서 가상적으로 제안하는 서울 보완 계획의 건축물들이 구식 모더니즘인 것은 아닙니다. 그는 21세기의 시점에서 모더니즘이

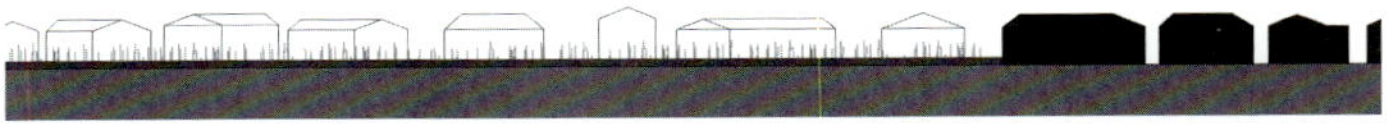

Site plan

Square Program Village

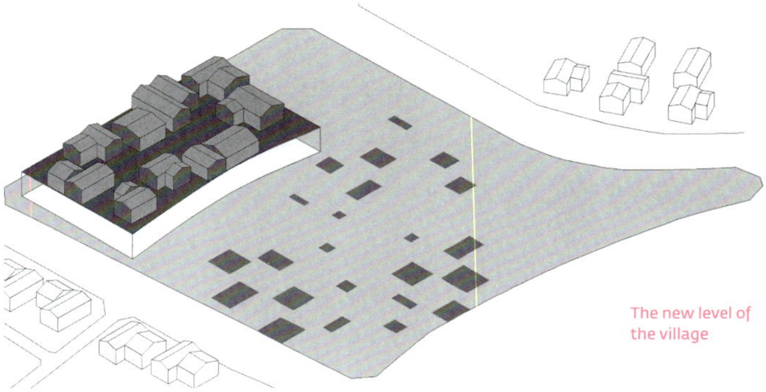

The new level of the village

Exchange activity with square

지속한다면 시도됐었을 법한 새로운 솔루션을 꽤 정교하게 고안해냈습니다. 꼭 재창안된 레트로 하드보일드 SF소설을 읽는 기분이랄까요. 다 망상에 불과하지만, 묘하게 흥미진진하고 또 설득력이 있습니다.

이 책을 보고나니, 비로소 2013년에 영주시노인종합복지관 공모에 제출했던 설계안이 이해가 갔습니다. 노인복지관을 메타 마을로 상정해, 3층의 레이어 상단에 인공적 마을을 구현해 얹은 모습은, 실제로 구현되면 꽤 기능적이었을 테지만, 건축가의 심저에는 독재자적 이상 질서 구현의 욕망이 작동하고 있었던 것이죠. 그의 가슴 속에 있는 가상적 모더니스트 건축가의 캐릭터가 염치로 억압되고 통제됨으로써, 착하고 실용적인 디자인을 실재계에 구현하는 '대화형 건축가 이은경'이라는 대외용 캐릭터가 완성된다는 점이 재미있습니다.

하나 더 흥미로운 면이라면, 그는 지방의 구도심에 관심이 많다는 사실입니다. 지방 도심의 비어있는 공간들을 어떻게 건축적으로 새롭게 되살려낼 것인가 하는 문제에 관심을 기울이고 있는 모양이에요. 지금까지 한국의 지방자치단체에 특화한 솔루션을 시도해서 성공한 건축가는 없습니다. 그는 할 수 있을 것 같아요. 그때, 가슴 속에 봉인된 가상적 모더니스트 건축가의 비전과 욕망이, 어떤 방식으로 다시 한 번 '실제로 구현될 설계안에 영향을 미치지 못함으로써 영향력을 행사해낼 것인지' 못내 궁금합니다. OO씨가 물려받을 땅에 이은경이 안 이상하게 생긴 이상한 건물을 짓는 상상을 해보기도 했어요. 네 땅도 아닌데 왜 멋대로 그런 생각을 하느냐고요? 어차피 상상인데 무슨 상관이에요. 오랜만에 건축 이야기하니까 짜증도 나고 좋지 않아요? 하긴, OO씨는 짜증이 많고 참을성이 부족해서 건축사무소를 운영했으면 어시스턴트들이 오래 못 버텼을 것 같아요. 성격 나쁘잖아요. 곧 연말이니 조만간 한 번 봅시다. 만나서는 건축 이야기 안 할게요. 내가 그렇게 심통 맞지 않다는 거 알잖아요. 날씨도 추워지는데, 감기 조심하기 바랍니다. 부디 안녕히. 총총

2015년 11월 18일 수요일
미술·디자인 평론가
임범묵(근준) 드림

1. day care centre
2. physical therapy
3. library
4. cafe bar
5. open library
6. gallery
7. marketplace shop
8. marketplace restaurants
9. workshop room
10. events workshop

a. professional education
b. hobby training
c. auditorium
d. office
e. sarangbang
f. baths
g. fitness room

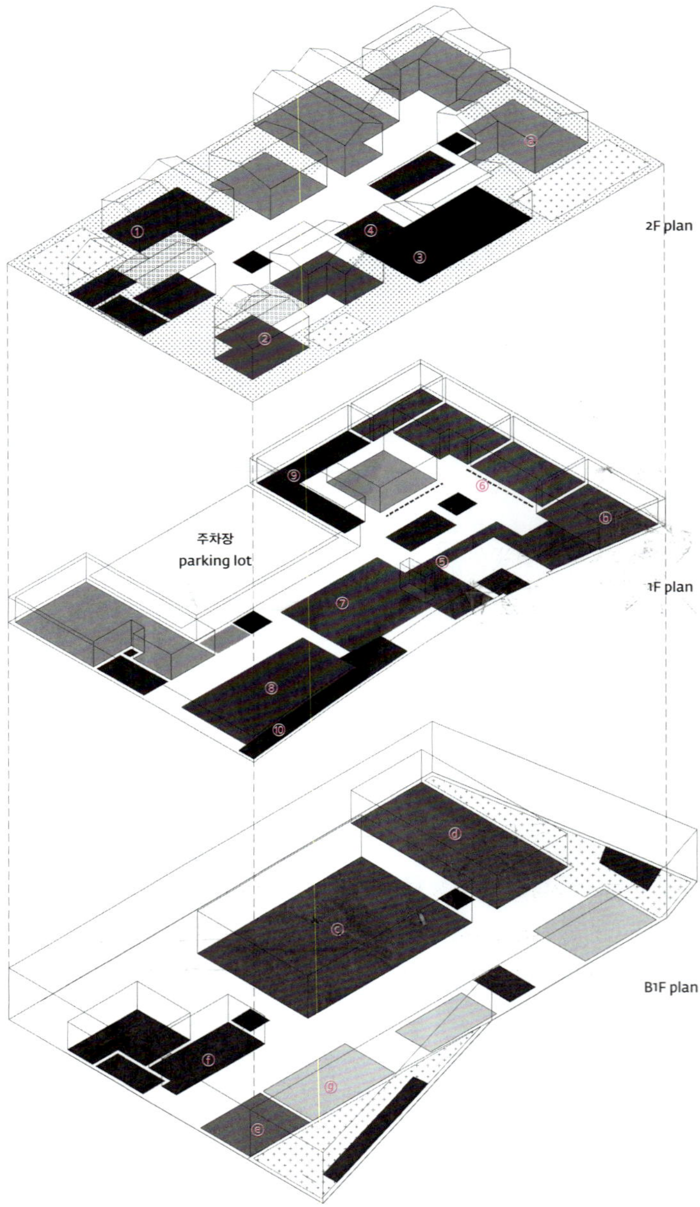

Program plan

In the Case of Lee Eunkyung

Lee Eunkyung of EMA Architects and Associates, born in 1975, received her bachelor's and master's degrees from Department of Architecture, Seoul National University, and graduated from the master course of architecture and urban design in Berlage Instituut. She practiced in Kiohun Architects & Associates for five years after her graduate studies at Seoul National University in 2001, and served shortly as a researcher in Ongodang Architects in 2006. After her graduation from Berlage Instituut in 2008, she practiced in Xaveer de Geyter Architects for one year, and Riken Yamamoto & Field Shop in Japan for one year since 2009. After she came back to Korea, she is now running EMA which was established in March of 2011. As she may have been in school at the same period with you, probably you might know her works better. I heard that she started teaching at her alma mater since first semester of this year.

Before I interviewed the winners of this year, I was more biased against her than others. An internet search showed that she greatly arms herself mentally in order to appeal to her clients. On the other hand, well-known public housing projects like the Malli-dong Cooperative Public Housing for Artists seem designed carefully but it was difficult to detect some delusion of a contemporary architect from them. Though the

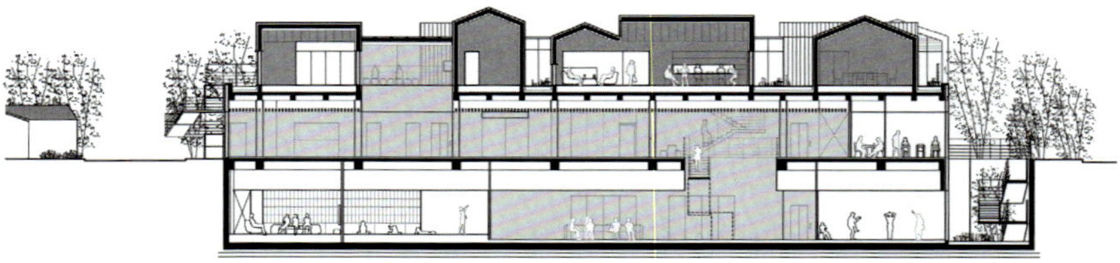

Section

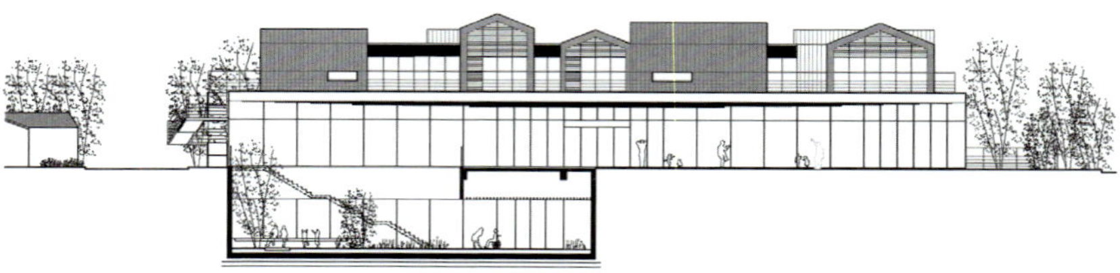

Elevation

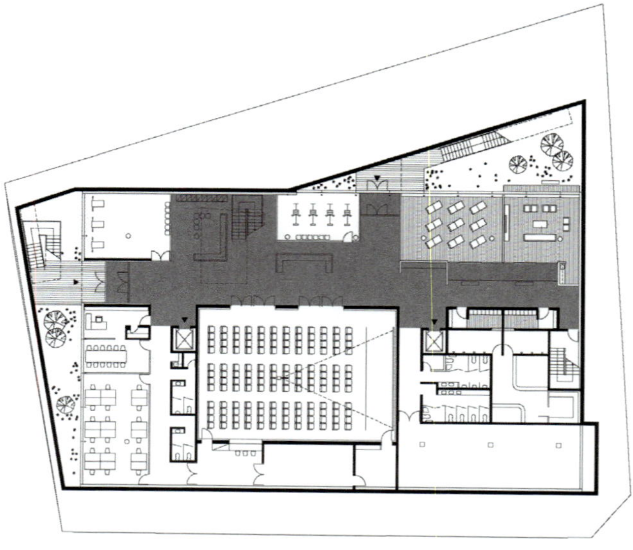

B1F Plan

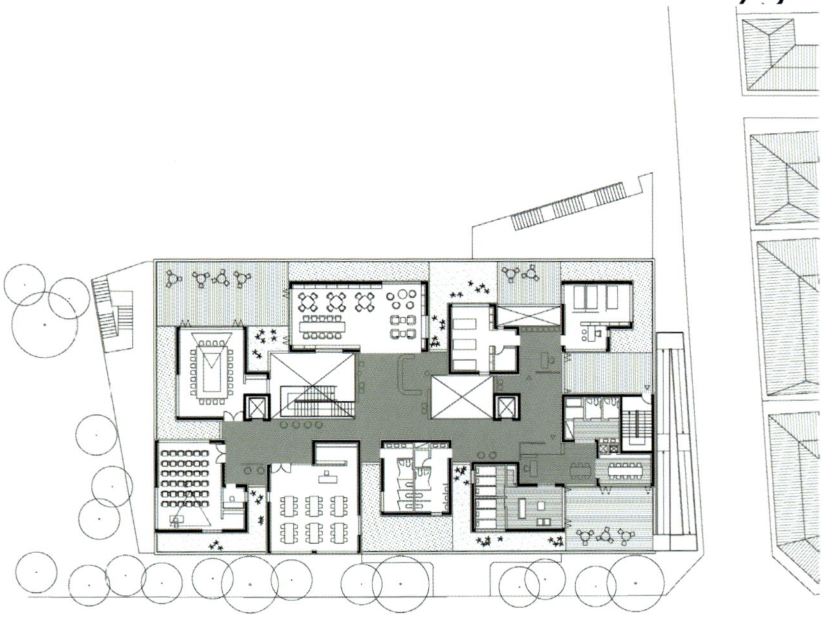

2F Plan

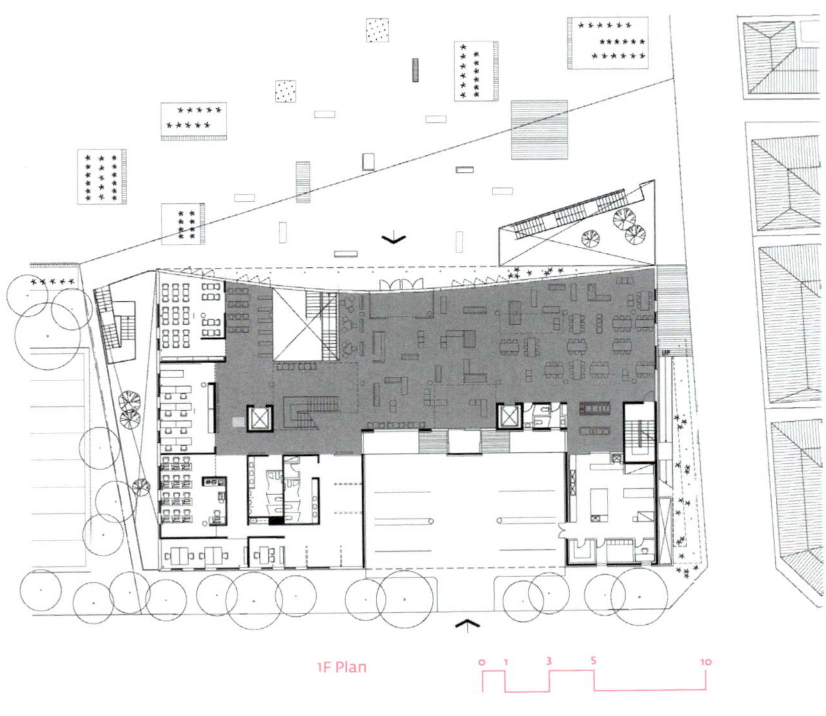

1F Plan

진주시 목공예 가구가공센터 신축공사 설계공모

Proposal for Woodcraft Center of Jinju-si

설계 이엠에이 건축사사무소 (이은경) 설계담당 차미정, 박수지 위치 경상남도 진주시 명석면 관제산로367
용도 교육연구시설 대지면적 10,520m² 건축면적 2,006.32m² 연면적 2,691.42m² 규모 지상2층 높이 9.75m
건폐율 19.07% 용적률 25.58% 구조 철골구조 외부마감 투명복층유리, 알루미늄아노다이징, 폴리카보네이트

ARCHITECT EMA Architects & Associates (Lee Eunkyung) DESIGN TEAM Cha Mijung, Park Soojee
LOCATION 367 Gwangjesan-ro, Myeongseok-myeon, Jinju-si, Gyeongsangnam-do, Korea
PROGRAMME research and education SITE AREA 10,520m² BUILDING AREA 2,006.32m²
GROSS FLOOR AREA 2,691.42m² BUILDING SCOPE 2F HEIGHT 9.75m BUILDING TO LAND RATIO
19.07% FLOOR AREA RATIO 25.58% STRUCTURE steel frame

Bookmaking - architecture joint memorial hall in Paju Book City is different in internal space, its skin reminds me of Kunsthaus Bregenz, and its circulation behind the skin embarrassed me for it is very uncomfortable.

I found that her office also has many devices to attract clients. It is located in a building remodeled from an old urban *Hanok*, which seems to have an attitude for sales from its entrance. Asking questions during the interview, I could find the architect's delusion is well hidden by a sense of honor. I couldn't resolve my doubt why she has always provided architectural requirements with box-shaped solutions, but the answer was just one. In her mind, some virtual master builder like the Nazi's Albert Speer, or Darth Vader, was installed(Yes, she is also hiding anachronous aspect). Out of the three winners, I can firmly say that it is Lee Eunkyung who has the darkest mind apart from her client - friendly appearance. Yes, I like a character who sealed her darkened mind with a mutual sense of honor, looking at the vanishing point. That is, I don't think you would enjoy her work.

One of the features I found in Malli-dong Public Housing is that its structure will be truly liked by old German ladies born in the 1930s in their homeland. Its design allows them to monitor each other when one leaves and comes back there. But this is applied

지방자치화를 시작한 이래 지역적 전통을 문화상품화하고 이를 물리적 공간으로 구현하려는 수많은 시도들은 유사한 지침으로 이루어진 공간프로그램과 유사한 공공건물의 형태로 드러난다. 진주시 목공예 가구가공센터는 지역에 산재되어 있는 공방의 자산을 엮어 교육과 전시로 지원하는 시설이다. 프로젝트는 전통 요소를 반영하라는 지침을 전통의 무형 가치를 오롯이 드러내는 배경이자 모듈로 제안하고 주어진 프로그램을 일반 대중들이 목공예의 축적된 시간을 체험하고 공유하도록 재해석한다.
자연의 재료가 사람의 손을 통해 느리고 세심하게 가공되는 목공예 가공 과정을 동선으로 재배치하고 목공예과정의 교육생, 전시와 차를 즐기는 일상적 방문자, 독립된 숙박공간과 프로그램을 이용하는 관광객들이 이 무형의 가치와 만나도록 접점을 늘린다. 농촌의 풍경을 거스르지 않는 비닐하우스는 확장 가능한 시스템 모듈로서 재해석되고 자연의 변화에 감응하는 현대적인 재료로 표현된 단순하고 반복적인 볼륨은 주변 경관의 일부가 된다.

The desire to preserve local crafts and traditions and to create spaces that help to nurture them have resulted in spatial programs that look similar to public buildings and also have similar guidelines. The Jinju Traditional Wooden Craft & Furniture Manufacture Center will host exhibitions as well as supporting woodcraft education by bringing together the different carpentry traditions of the region. In this project we propose that the requirement to include traditional elements is fulfilled by presenting them in a way that best showcases the intangible value inherent in tradition, as both the background and as a module. Consequently, the program is reinterpreted in a way that allows the public to experience and share in the accumulated temporality of woodcraft.
The slow and careful process of handling natural materials inherent in woodcraft is rearranged and presented as a flow. This allows for a greater number of access points through which many people, such as woodcraft apprentices, visitors who come to enjoy the exhibition and tea, and tourists who come to participate in programs and stay in separate accommodation, can experience the intangible value to be found in woodcraft. Vinyl greenhouses, harmonious with the rural landscape are reinterpreted as expandable system modules, and the simple and repetitive volume expressed by the modern material responding to natural change becomes a part of the surrounding landscape.

to just access flow and privacy in each residence and is thoroughly protected. The exterior of the building doesn't allow outsiders to infer functional division of indoor spaces. It can be said to be a building with skin which requires using one's brain for stalking. Actually, I have never seen a Korean architect's design paying great attention to potential exchange of views like this(In that sense, her character contrasts with Jo Jinman). Then, what is the origin of such paranoia about views in Adolf Loos style? Where is the delusion beyond practical dimensions hidden?

In the middle of the interview, we started to talk about the role of the book showing both architect's ambition and delusion, and she showed me the so called black book of her own. It was her research report written in Berlage of 2007/2008. It was titled *The Limits of the City: A Strategic Project for Seoul*. It looked like a result for the Seoul rehabilitating plan by Giuseppe Terragni. Her delusion which couldn't hand out the whole picture of an architectural dictatorship for the contemporary construction was running across all over Seoul in a very logical and reasonable aspect from an omniscient viewpoint of fascism in 1930s. For the first time, I could observe an interwar years modernist vision spreading its black wings over Seoul. Architects are usually pretending to be nice and innocent when

1일 방문객

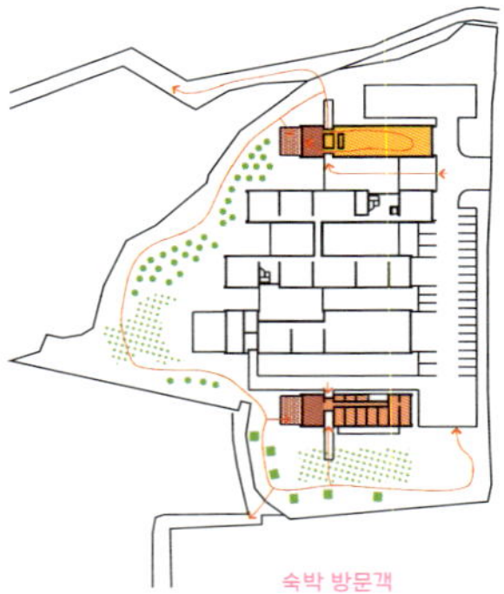

숙박 방문객

교육생

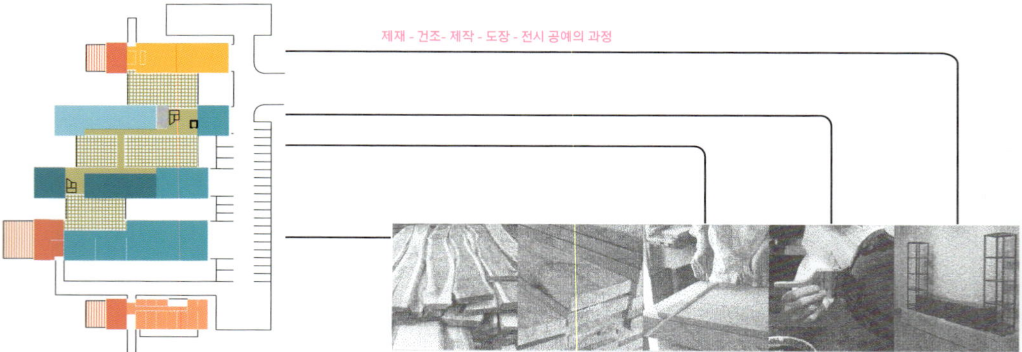

they propose something in this post-colonial city, aren't they? I liked her book because it didn't pretend to do so. Yet, she didn't design old-fashioned Modernism buildings in her virtual supplementation plan. From the viewpoint of the 21st century, she invented new solutions in a quite delicate way, which could have been tried if Modernism continued. It seemed as if I were reading a revived retro - hardboiled SF fiction. Though it is just delusion, it is subtly exciting and also persuasive.

At last I could understand her poposal for the Seniors Welfare Center of Yengju-si in 2013 after reading this book. Though an artificial village on the upper side of a three-story layer by assuming a senior welfare center as a meta-village would have been very functional if it was realized, desire of realizing this dictatorial ideal order was moving around in her inner most thoughts. It is interesting that the external character of interactive architect Lee Eunkyung is completed to realize nice and practical design in the real world by suppressing and controlling the character of virtual modernist architects through a mutual/multi-layered sense of honor.

One more interesting aspect is that she is very interested in old downtowns of provincial cities in Korea. She seems to pay attention to how to revive declining places in local cities' downtowns in terms of

architecture. Until now, no architect has ever succeeded in trying a solution specialized for a local municipal government in Korea. She may succeed. I am really curious how the vision and desire of a virtual modernist architect which is sealed in her mind would 'exert its influence by not influencing a design which is to be realized' once again. Once I imagined her designing a not-so-odd-looking-but-strange-in-context building on the site you will inherit. Are you asking why I think so though the land is not mine? It is imagination anyway, and what does it matter?

Aren't you glad to talk about annoying architecture after a long time? I guess you would have been difficult for your assistants to stand if you ran an architectural design firm, as you are a short-tempered person. You are grumpy, aren't you? This year is ending soon, and I hope to see you soon. I promise not to talk about architecture when I meet you at the year-end party. You know I am not that crooked. Take care not to catch a cold for it's getting colder. Bye. Yours truly.

Wednesday, November 18th 2015
Art and Design Critic
LIM Beom-Muk (Geun-Jun)

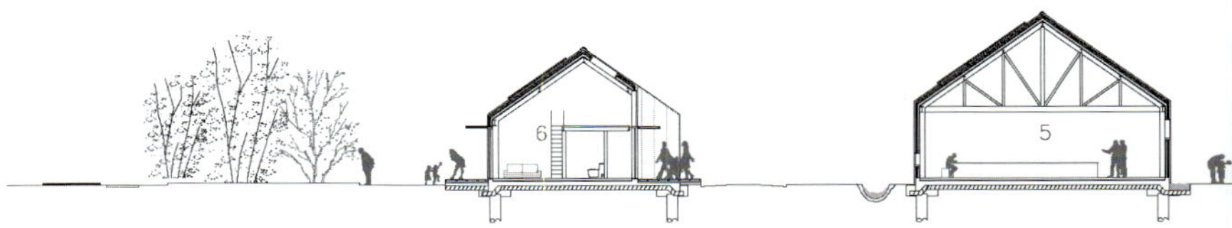

Section

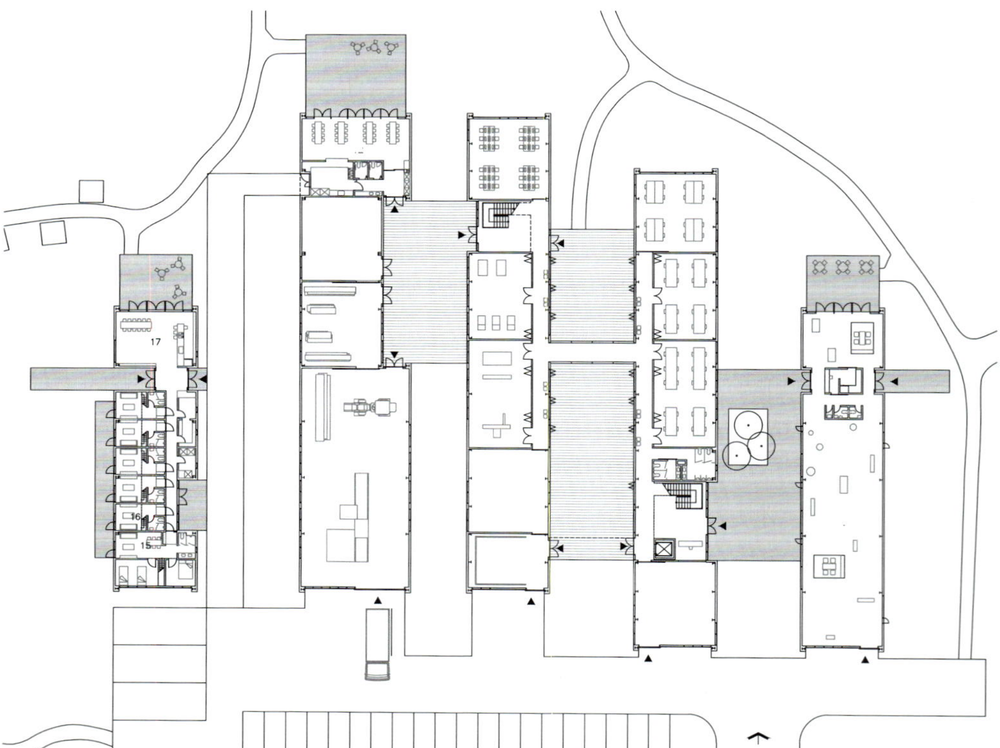

1F Plan

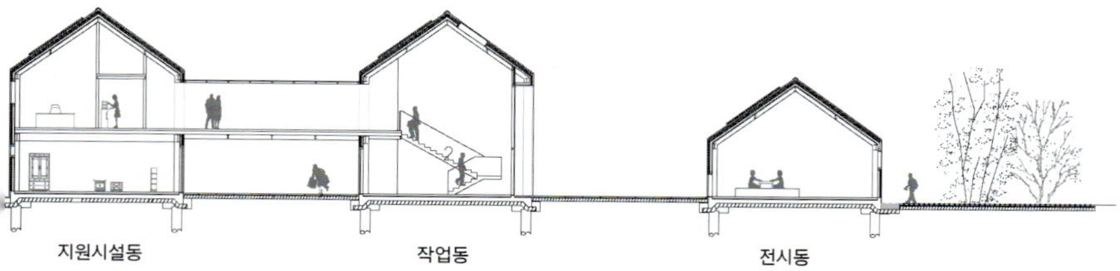

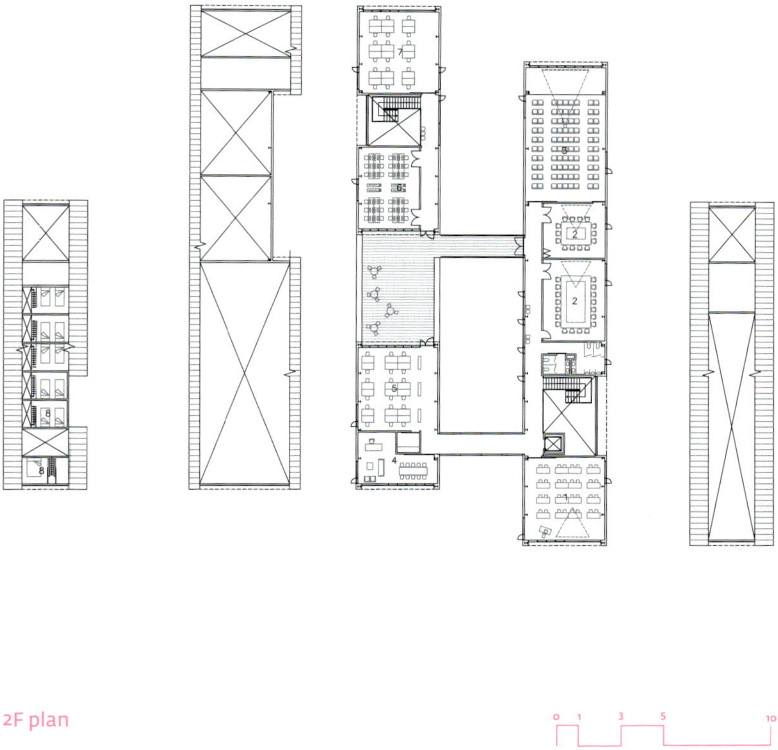

2F plan

농촌의 풍경을 거스르지 않는 비닐하우스는 확장 가능한 시스템 모듈로서 재해석되고 자연의 변화에 감응하는 현대적인 재료로 표현된 단순하고 반복적인 볼륨은 주변 경관의 일부가 된다.

Vinyl greenhouses, harmonious with the rural landscape are reinterpreted as expandable system modules, and the simple and repetitive volume expressed by the modern material responding to natural change becomes a part of the surrounding landscape.

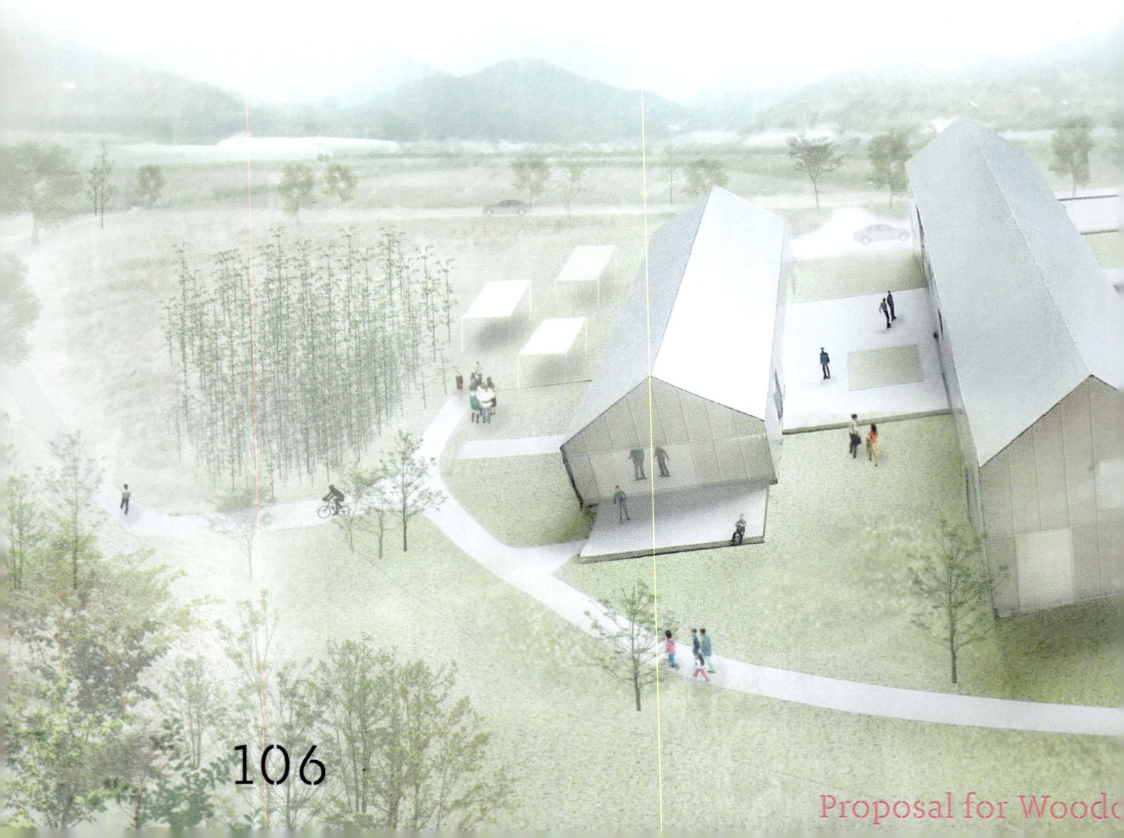

임근준(필명: 이정우)은 미술·디자인 평론가로 DT네트워크 발기인이다.

1995년부터 2000년까지 동성애자 인권운동가로 활동했고, 이후 아트선재센터 어시스턴트 큐레이터, 계간 공예와 문화 편집장, 한국미술연구소/시공아트 편집장, 그리고 월간 아트인컬처 편집장 등을 역임했다. 『크레이지 아트, 메이드 인 코리아』(2006), 『이것이 현대적 미술』(2009) 등이 대표 저작이고, 2016년 1/4분기에 『현대미술의 끝: 좀비 모던 시대의 예술 생존법』(가제)을 발간할 예정이다.

Chungwoo LEE aka Geun-jun LIM is an Art and Design Critic.

Formerly an Assistant Curator at ArtSonje Center and Dong-A Ilbo Press Museum, and editor-in-chief of SigongArt Publications and Art in Culture magazine, in the late naughties and early 2010's he published <Off Kilter: Notes from a Study of Contemporary Korean Artists>, <SKMoMA Highlights: 350 Works from the Museum of Modern Art, Seoul, Korea>, <What is Art? - From the Modern to the Post-Contemporary> and <Ego Trip; Artistically>. Currently he prepares to publish his new book, <The End of Contemporary Art: how to survive in this zombie-modern times?> and is working on his thesis — <Interface as Symbolic Form> as a Ph.D. candidate in Art Education at Seoul National University.

Documentary

다큐멘터리

YOUNG ARCHITECTS EDITORS AND DESIGNERS

젊은 건축가와 편집자, 그리고 디자이너

KONG EULCHAE

Architecture Reporter

공을채

건축전문기자

시작

문화체육관광부가 주최하고 (사)새건축사협의회, (사)한국건축가협회, (사)한국여성건축가협회가 공동으로 주관하는 젊은 건축가상 수상자로 선정되면 국·영문 작품집 제작, 공공프로젝트 자문과 참여, 전시 지원 등 몇 가지 혜택이 있다. 이중 작품집은 건축가에 대한 책이 발행되고, 이와 더불어 전시와 출판기념회 등이 진행된다. 기존의 『젊은 건축가상』 단행본은 건축가에 집중하는 작품집도 아니고, 읽을 거리를 제공하는 텍스트 중심의 단행본도 아닌 모호한 성격이었다. 그렇다 보니 가격이 매겨지지만 구매하는 독자층도 불분명하고 읽을 거리를 제공하기 보다는 정보를 전달하는 방식이었다.

새 형식 갖추기

올해는 건축에 관심 있는 30 ~ 50대 일반인을 독자층으로 삼고, 이들이 쉽게 이해할 수 있도록 건축 전문 필자보다 외부 필자가 참여했다. 임근준(미술평론가)과 박해천(동양대학교 교수)은 건축가 중심의 구성을 해체하고 주제 중심으로 글을 쓰게되었다. 당선된 3팀은 다양한 공공프로젝트를 진행했고, 크고 작은 주거 프로젝트를 통해 새로운 주거 대안을 제시했다. 이 두 주제를 중심으로 책을 구성하는 것이 기본 단행본의 기획이었다.

여기에 책을 어떻게 만들어 왔는지, 그 과정을 엮은 다큐멘터리가 추가됐다. 두 주제에 비해 가볍지만, 과정을 담는다는 점에서 의미가 있다. 건축은 대부분 과정보다는 결과가 조명받기 마련이다. 하지만 그 건물이 완성되기까지 많은 우여곡절을 겪는다. 건축주 미팅, 설계, 디자인, 건설, 허가 등 다양한 과정에서 많은 사람이 개입되지만, 결과는 건물과 건축가만 남는다. 여기에 다큐멘터리는 과정을 중요하게 생각하고 이를 기록하는 역할을 한다.

만남

7월 28일 필자에게 의의를 설명하고 청탁을 완료했다. 이후에는 건축가의 포트폴리오가 전달되었고, 8월 11일 첫 번째로 건축가와 필자의 미팅이 진행됐다. 건축가들과 임근준이 만나 공공프로젝트에 대해 어떤 방식으로 글을 쓸지 의논했다. 기획단계에서

'공공프로젝트'라는 키워드를 도출하였지만, 누구도 글의 방향과 세 건축가의 프로젝트를 어떤 방식으로 풀어야 할지 대안이 없었다. 임근준은 이러한 부분에 대해 불편한 기색을 드러냈고, 공공이라는 부문으로 나누기 보다는 특정한 공공성이나 새로운 장소에 개념을 부연한 것을 모아서 글을 쓰기로 정리했다. 더불어 그는 지어지지 않은 건축물을 통해 건축가 개개인의 방법론에 관심을 보였다. 처음 책의 기획 방향을 접했을때 '왜 이전에는 주제 중심으로 건축가를 묶지 않았을까'하는 의문이 들었다. 하지만 우리가 소위 말하는 젊은 건축가들은 사무실을 개소하고 자신의 이름을 알리기 위해 설치작업부터 대형 프로젝트까지 다양한 작업을 한다. 각기 다른 방식, 다른 규모, 다른 프로세스로 작업하다 보니 하나의 주제로 혹은 두 가지의 주제로 모든 당선자를 묶는 것은 어려운 일이었다.

그래도 다행히 세 건축가는 크기와 형식이 다른 주거프로젝트를 했고, 8월 13일에 이루어진 박해천과 미팅에서는 순조롭게 이야기가 오갔다. 나중에 회의록을 쓰려고 보니 뚜렷한 방향을 설정하기보다는 현재 주거의 추세에 대한 대화만이 오갔다. 10월 12일 박해천과 이은경, 조진만이 함께 인터뷰를 진행했다. 건축사사무소 에스오에이는 다른 일정으로 참여하지 못했다. 협동조합형 공공주택을 설계한 이은경과 내부의 커뮤니티 프로그램을 가진 공공주택의 지속가능성에 관해 이야기했다. 또 한국 사람들의 로망인 주택 설계에 대해 조진만과 인터뷰했다. 두 건축가는 집에 대한 경험이 비슷하지만, 주택을 바라보는데 전혀 다른 방식의 시선을 가지고 있었다. 자세한 내용은 박해천의 글에서 확인할 수 있다.

10월 22일 2015대한민국 건축문화제 행사의 일환으로 젊은 건축가상을 수상한 건축가와 박해천, 임근준과 대담을 진행했다. 대담은 책의 담길 내용을 압축하여 표현했고, 다양한 결의 질문들이 오고갔다. 젊은 건축가이긴 하지만, 현실적인 프로젝트들의 방향성을 보고, 한 학생은 "젊은 건축가의 대담함을 보고 싶었는데, 명쾌한 답을 얻지 못한 것 같다. 이점에 대해 설명이 필요할 것 같다"며 질문을 던졌다. 이에 조진만은 “건축에 있어 젊다는 것은 의미가 없다는 생각이 든다. 개개인이 처한 상황에서 해법을 찾는 것이 중요한 가치가 있다고 생각한다. 젊으니깐 대담해야 한다는 평면적인 생각이 결국 다양성을 죽이는 결과는 낳는다”고 답했고, 강예린은 일본의 사례를 들으며, 과거 선배 건축가들은 여유가 있고 실험이 가능한 프로젝트를 할 수 있었다고 설명했다. “하지만 지금은 건축주의 나이가 젊어지고, 경제적인 측면을 고려하지 않을 수 없는 상황이다. 그래서 좀더 도시적 맥락이나, 사회적 맥락에 가까워 지는 것 같다고 생각한다. 그 속에서 건축가는 어쩔 수 없이 해법을 찾아 줄 수 밖에 없다.”라고 설명했다. 또 다른 학생은 지금 건축을 공부하고 있는 학생들에 대해 어떻게 생각하는지 건축가들에게 질문했다. 이에 이치훈은 “과거 도시환경정비사업이라는 방식으로 고층빌딩들이 많이 들어섰다. 그 건물들이 30~40년이 지났을 때 아마 그것을 헐어버리고 더 높은 밀도의 도시가 재편될 것 같다. 그때까지 살아남아야 한다고 생각된다. 그만큼 현실이 녹녹지 않다며, 실질적인 측면에서 파악하려고 하는 노력을 꾸준히 해야 할 것”이라고 충고했다. 조진만과 이은경 역시 비슷한 의견을 피력했다. 한국 학생들은 소극적인 마인드로 건축을 쉽게 생각하는 경향이 있는 것 같다. 건축만큼 개인의 노력으로 할 수 있는 분야는 없다며, 개인이 원하는 방향을 분명히 설정하고 주도적이며 자발적인 자세가 필요할 것이라고 조언했다. 이날은 화기애애한 분위기 속에서 젊은 건축가들의 생각과 또 앞으로 이어질 세대의 생각을 공유하는 중요한 자리가 되었다.

다큐멘터리 부분은 책의 디자인 작업을 맡은 크리스 로 (홍익대학교 교수)의 아이디어로 시작됐다. 그는 페이스북이나 카톡방에 하나의 주제를 던지고 건축가들이 그에 대해 가벼운 생각을 논의하는 것을 모아서 출판할 것을 제안했다. 그래서 페이스북도 만들고, 카톡방도 만들어 일정관리도 하고, 제목에 대한 의견도 물었다. 하지만 일일이 의견을 달기에 너무 바빴다. 각자의 프로젝트도 진행해야 했고, 10월에 있을 전시 준비도 해야 했으며, 필자들에게 포트폴리오도 전달해야 했다. 비록 단순히 정보 전달의 용도로 페이스북을 활용했지만, 이 또한 중요한 기록 되었다.

기록

이번 단행본에는 두 명의 기자가 참여했다. 기획자로서 심영규와 다큐멘터리 정리로서 공을채가 개입하면서 무엇보다 기록을 열심히 했다. 타임라인을 통해 전체 단행본이 완성되는 과정을 담고, 다큐멘터리 글은 타임라인에서 표현하지 못한 것을 남겼다. 이 기록이 독자에게 단행본을 이해할 수 있는 부분으로, 건축가들을 이해할 수 있는 부분으로, 필자들의 글을 이해할 수 있는 부분으로 남길 바란다. 짧은 글과 타임라인에 모든 것을 표현할 수 없음이 아쉬울 따름이다.

이번 단행본은 이전과 다른 구성의 글이 어떤 모습과 형태로 담길지 상상할 수 없다. 단지 이 단행본이 건축계에 조심스레 한발을 내딛고 있는 수상자에게 긍정적인 영향을 미치길 바란다. 단행본 제작 과정이 중요성은 이 글을 통해 독자들이 간접 경험할 수 있을 것이다. 나아가 건축에서도 결과보다는 과정이, 특히 젊은 건축가들의 크고 작은 작업의 과정에 많은 관심이 필요하다.

Winning the Korean Young Architects Awards hosted by Ministry of Culture, Sports, and Tourism and jointly sponsored by Korea Architects Institute, Architectural Institute of Korea, and Korean Institute of Female Architects, confers several benefits like a portfolio publication in Korean and English, consultation to and participation in public projects, and support for exhibitions. The portfolio publication is a book about the architects and is accompanied by an exhibition and a publication party. Previous Young Architects Awards books are ambiguous in that they are neither a collection of works concentrating on the architects nor a text-oriented book offering interpretations. For this reason, it was unclear which readers were targeted to pay for the books even though they are for sale and the books tended to offer information rather than critical readings.

Making A New Format

This year, targeting the general public in their thirties to fifties with a lay interest in architecture as our readers, we commissioned external authors rather than architecture specialists for to accommodate our readers' understanding: Geun-jun LIM , art critic and Park Haecheon, professor of Dongyang University. These two authors deconstruct the architect-centered layout and write with a focus on themes. The three award winners have carried out various public projects and have proposed new alternative housing through large and small projects. A book focusing on these two themes was the basic plan.

Furthermore, documentation of the process of bookmaking has been added. Though lighter than the two themes, it is significant in that it records the process. In architecture, the spotlight is usually on the result rather than process. But a building experiences ups and downs before it is completed. Though many people are involved, processes like client meetings, design, construction, permission, the result shows only the building and its architect. The documentary emphasizes on the process and records it.

On July 28th, we explained our intention and commissioned articles to one of the authors. The architects' portfolios were delivered and the first meeting of the architects and the author was scheduled for August 11th. Geun-jun LIM and the architects discussed how to write about the public projects. Though the keyword 'public project' was used in the planning stage, nobody could provide an alternative for the direction of the articles and or suggest a way to talk about the three architects' projects. Showing signs of unease about this, LIM decided to collect specific examples of public-ness and explain concepts behind new places. Besides, he showed an interest in each architect's individual methodology through un-built architecture. When I heard about the plan for the book, I wondered why previous books hadn't dealt with architects thematically. But so-called young architects carry out various works ranging from installations to large projects in order to promote themselves after they begin running an office. As they work in so many different systems, scales, and processes, it may have been difficult to be organize into one or two themes.

Nevertheless, the three architects had fortunately all worked on residential projects of different scale and type, and the discussion went smoothly in the meeting with Park Haecheon on August 13th. Later, as I reviewed the discussion to take minutes, I found that most of the discussion was about the current trends in housing. Park interviewed Lee Eunkyung and Jo Jinman on October 12th. Society of Architecture(SoA) couldn't attend due to a prior engagement. He talked about the sustainability of public housing with internal community programs with Lee Eun Kyung. He also interviewed Jo Jinman about the kind of house design for which many Korean people yearn. Though they have similar experiences of houses, their viewpoints were totally different. Details can be found in Park's article.

The feature documenting the process of the book was initiated by Chris Ro, a professor at Hongik University, who was in charge of the design for the book. He proposed recording the architects' discussing a given theme in a SNS chat room such as Facebook and KakaoTalk. Thus a Facebook account and a KakaoTalk chat room were created to manage schedules and to ask for their opinions about the topic. But the architects were unable to contribute their opinions. They had to carry out their own respective projects, prepare for the exhibition scheduled in October, and deliver their portfolio to the authors. Though ultimately Facebook was simply used for the purpose of exchanging information, this is also an important document.

Two reporters participated in making this book. With Shim Youngkyu as publishing planner and Kong Eulchae as documentary organizer, a lot of efforts were made to document the process. The entire bookmaking process is arranged in a timeline and documentary articles show what couldn't be expressed in the timeline. I hope this documentation will help readers understand this book, the architects, and the author's articles. It is a pity that not everything can be expressed in short paragraphs and in a timeline.

It is hard to imagine how this book, with its different articles, will be different from previous editions. But I hope that this book will exert a positive influence on the winners who are carefully taking a step forward into the architectural world. Readers may be able to indirectly experience why the bookmaking process is important through this article. Furthermore, even in architecture, it is necessary to pay more attention to the process than the result, especially the processes of the large and small projects of young architects.

타임라인

책이 만들어 지기까지의 과정을 정보, 회의, 문자, 카톡, 메일, 페이스북으로 정리했다. 기간은 6월부터 12월까지다. 대부분 내용은 7월과 8월에 몰려 있다. '회의'는 회의를 짧게 요약했다. '정보'와 '문자', '메일', '페이스북'은 간략한 정보만 감도 있다. 각 날짜는 짧은 소제목을 가지고 있다.

6.9 [정보] 젊은 건축가 2차 현장 발표 및 최종심사

6.16 [정보] 젊은 건축가상 선정

6.26 [회의] 1차 편집회의
조진만, 이주연, 강예린, 황순민, 임선희, 크리스로가 모여 1차 편집회의 진행
출판업무 개요 및 과거 책자 소개
지난해 에디터를 맡았던 이주연의 과거 사례 및 주요사항
책을 만드는 과정에 대한 다큐멘터리를 포함하자는 의견 제시
편집자 선정에 관한 기초 자료조사

7.18 [정보] 편집자 선정(심영규)

7.23 [회의] 2차 편집회의
이주연, 임선희, 심영규, 조진만, 크리스로가 모여 2차 편집회의 진행
건축가별이 아닌 주제별로 구성
다큐멘터리를 제외한 2부분의 주제는 공공프로젝트와 대안주거로 한다.
2부분에 대한 적당한 필자 추천

7.24 [페이스북] 비공개 그룹으로 개설
2015 젊은 건축가 단행본을 만드는 과정을 담는 그룹을 만들었다.

7.27 [페이스북] 필자 컨택
심영규는 주거대안 파트의 필자로 박해천 교수를 공공프로젝트 필자로 임근준 평론가를 섭외하고, 도큐멘터에는 공을채를 선정했다.

7.28 [이메일] 박해천 교수 청탁
심영규는 강예린을 통해 박해천의 연락처를 받게 되었고, 젊은 건축가상 단행본에 대한 원고 청탁을 했다.

7.28 [이메일] 임근준 청탁
심영규는 임근준과 통화 후 간단한 기획서를 임근준에게 보내 청탁완료

7.28 [페이스북] 행사 스케줄 및 연락처 공유
조진만 건축가는 젊은 건축가 지원사업의 행사 스케줄과 연락처를 첨부

7.28 [페이스북] 필자 확정 알림
심영규는 3명의 필자 및 참여자를 확정
0장, 다큐멘터리 정리 및 기록 : 공을채(와이드AR 외래기자)
1장, 새로운 주거 대안 : 박해천 교수님
2장, 공공 프로젝트 : 임근준 평론가

7.28 [페이스북] 기획안 파일 수정
심영규는 정해진 필자에 따라 기획안을 수정 보완하여 PDF파일 업로드, 각 건축가(팀)에게 필자들에게 보낼 포트폴리오를 요청
수정된 기획안 내용
새로운 젊은 건축가상 단행본 만들기 전략 Ver.3.0은 기존 젊은 건축가상 도서에 대한 분석과 새로운 젊은 건축가상 단행본을 제안하였다.
구체적으로 1)먼저 독자층은 건축에 관심 있는 30~5대 일반인으로 정하고 그들도 쉽게 이해할 수 있도록 필자는 기존 건축 전문가 집단보다 글을 쉽고 재미있게 쓰는 필자를 섭외해야 함, 2)구성을 기존 건축가 순서가 아닌 이슈 중심으로 세 건축가(팀) 모두 공공 프로젝트와 새로운 주거에 대한 실험을 이어나가고 있으므로, ①새로운 주거의 대안 ②공공 프로젝트 ③ 건축문화 이렇게 3가지 정도의 이슈(주제)에 따라 각각의 건축가들의 프로젝트와 글 인터뷰 그리고 해당 분야에서 나름 해당 주제를 연구하고 있는 사람의 글을 각각 게재하고자 한다.

7.29 [페이스북] 제목 선정
심영규는 크리스 로 교수와 통화를 통해 제목을 정하고자 함. 심영규는 네 가지 제목을 제안 1)젊은 건축, 2)젊은 건축가, 3)젊은 건축가란 4)젊은 건축(가) 그러나 아무도 댓글을 달지 않음.

7.31 [이메일] 건축가들의 포트폴리오 필자에게 전달
심영규는 메일을 통해 포트폴리오를 각 필자에게 전달 각각 주제로 아티클 1개, 자유형식(인터뷰, 리포트, 좌담회)의 원고를 요청, 구체적인 방향은 건축가들과의 미팅으로 이루어지며, 보낸 포트폴리오의 작업이 모두 글의 대상이지 않는다고 필자에게 알림

8.4 [페이스북] 미팅확정
심영규는 필자와 건축가들과의 미팅을 준비했다. 그는 주제가 다르니만큼 각 주제별로 2회에 걸쳐 간략한 미팅이 필요하다고 말했다. 1차 임근준 미팅은 11일 화요일 10시 반, 2차 박해천은 13일 목요일 11시에 잡았다.

8.10 [단톡방] 회의 재공지
심영규는 단체 카톡방을 통해서 회의의 시간과 장소를 재공지했다.
<1차 11일 화요일 10시 30분, 크리스로 교수 연구실 홍대 문헌관 1111호, 2차 13일 목요일 11시, 홍대입구역 3번출구 바로 앞 카페콤마로 모입니다>
그리고 건축가들에게 사전에 보내준 포트폴리오 파일 중 '대안주거'섹션과 '공공프로젝트'섹션에서 이번 책에 소개할 2~3개 프로젝트를 정해서 출력물로 가져올 것을 안내했다.

8.11 [회의] 임근준과의 만남
임근준과 건축가들이 모여 공공프로젝트에 관한 회의를 했다.
'공공프로젝트'가 애매한 부분이 있다. 지어지지 않았지만, 어떠한 특정한 공공성이나 새로운 장소에 개념을 부연하는 것을 모아 글을 쓰기로 함
건축가들과의 인터뷰 후, 아티클과 자유형식에 관한 글을 작성하기로 함.
인터뷰 일정 9월 5일: 이은경, 12일 : SoA, 19일 : 조진만

8.11 [페이스북] 아카이브 이미지 포스팅
크리스 로는 임근준 평론가와 건축가들의 회의에서 생긴 이미지를 포스팅했다. 당시 임근준 평론가가 앉아 있던 나무의자가 부서져서 재미있는 상황이 연출되었고, 그 사진을 올렸다. 다양한 이미지와 방문객들이 먹고 간 음료수병, 포스터와 책 제본 방식을 모아 만든 사진들이 업로드 됐다.

8.11 [페이스북] 스케줄 업로드
크리스 로는 스케줄을 업로드했다. 일정은 8월에는 포스터와 관련된 인터뷰가 진행되고 포스터와 엽서를 프린트하고, 10월에는 각각의 원고 마감 및 번역작업을, 이후 11월에 최종 인쇄 파일을 넘겨, 12월 4일에는 마감한다.

8.12 [페이스북] 책의 콘셉트
크리스 로는 이전에 생각해본 책의 콘셉트가 적힌 파일을 업로드했다. 젊은 건축가상 단행본의 키워드는 'Community', 'Platform', 'Connection', 'Engagement', 'Center', 'Hub'고 이를 통해 'Re-thinking People', 'Re-thinking Place', 'Re-thinking Connections'를 생각했다.

8.12 [페이스북] Built Unbuilt
크리스 로는 임근준 평론가와의 회의에서 나왔던 'Built', 'Unbuilt'에 대해 언급했다.

8.13 [회의] 박해천과 만남
박해천과 건축가들이 모여 주거에 관한 회의를 진행했다.
이은경은 만리동 주택에 대한 이야기를 했고, SoA는 토끼굴, 조진만 건축가는 층층마루보다는 앞으로 지어질 두레주택에 대한 이야기를 나누었다. 뚜렷하게 어떤 방향을 전하기보다는, 현재 주거의 트랜드와 방향성, 정책들에 대한 논의가 이어지며 앞날의 험난함을 예견했다.

8.13 [페이스북] 전시 및 도록 회의 사진
임선희는 홍대 앞 카페 콤마에서 진행한 전시 및 도록 회의의 사진들을 업로드했다.

9.8 [페이스북] 1차 인터뷰 일정
심영규는 휴가를 다녀온 후 1차로 진행되는 12일의 일정에 관해 언급했다.
12일 오전은 SoA 사무실에서 11시쯤, 2시반에 이은경 소장님 사무실에서 인터뷰를 진행하는 것을 제안했다.

9.8 [페이스북] 2차 인터뷰 일정
공을채는 19일 진행되는 조진만의 인터뷰 일정에 대해 공지했다.

9.16 [문자] 필자 독촉
심영규는 박해천에게 원고 일정에 대한 공지를 하고, 원고를 독촉했다.

9.19 [페이스북] 조진만 인터뷰 사진
공을채는 조진만 건축가 사무실에서 진행된 인터뷰 사진을 올렸다.

9.19 [페이스북] 이은경 사진
심영규가 늦은 인터뷰 사진을 올렸다.
아쉽게도 SoA의 사진은 없었지만, 새로 이사온 이은경 건축가의 한옥을 리모델링한 특색 있는 공간까지 엿볼 수 있었다.

9.23 [회의] 다큐멘터리 회의
심영규와 공을채가 만나 다큐멘터리 부분에 대한 회의를 했다.
타임라인 전적으로 맡아 기획
타임라인과 텍스트가 분리된 형태를 심영규가 제안

10.12 [회의] 박해천과 이은경, 조진만 주거에 대한 인터뷰
이은경의 사무실에서 두건축가와 박해천이 만남
주거 프로젝트에 관해 인터뷰 진행
어릴 적 살던 집이 건축에 많은 영향을 주는 것으로 보임
커뮤니티는 공공에 의해 만들어지기 어려움
거주자에게 가장 중요한 것은 방의 개수와 면적

10/21 박해천 원고마감

10.22 [정보] 젊은 건축가와 대화 행사
문화서울역284에서 50여명이 모인가운데, 심영규의 사회로 박해천, 임근준이 질문을 하고 젊은건축가 세팀이 답변을 하는 방식으로 진행됐다.

10/27 원고 전달, SPACE 번역관에서 영문으로 번역 시작

10/28 디자인 시작

10/28 [회의] 1차 디자인 미팅
크리스 로 연구실에서 대학원생들과 심영규가 만남

10/28 [정보] 디자인 작업 시작

11/3 [정보] 데이터 전송
디자인에 필요한 건축가 데이터 및 원고 자료 전달

11/9 [정보] 2차 데이터 전송
다큐멘터리 부분 데이터 자료 전달

11/13 [정보] 1교 교정지 전달
원고와 건축가 자료가 디자인 된 교정지를 심영규에게 PDF로 전달

11/17 [회의] 2차 디자인 회의
크리스 로 연구실에서 공을채와 심영규가 만남

11 / 17 [정보] 임근준 마지막 원고 마감

11/21 [회의] 3차 디자인 회의
세 건축가(팀)과 크리스 로, 심영규가 3차 디자인 회의 진행

11/24 [정보] 인쇄소에 데이터 전달

12/4 [정보] 젊은 건축가상 발간 및 출판기념회

Intro

책이 만들어 지기까지의 과정을 정보, 회의, 문자, 카톡, 메일, 페이스북으로 정리했다. 기간은 6월부터 12월까지다. 대부분 내용은 7월과 8월에 몰려 있다. '회의'는 회의를 짧게 요약했다. '정보'와 '문자', '메일', '페이스북'은 간략한 정보만 감도 있다. 각 날짜는 작은 소제목을 가지고 있다.

타임라인은 책이 만들어 지기까지의 과정을 정보, 회의, 문자, 카톡, 메일, 페이스북으로 정리했다. 기간은 6월부터 12월까지다.

JUNE

6.9 [정보] 젊은 건축가 2차 현장 발표 및 최종심사

6.16 [정보] 젊은 건축가상 선정

6.26 [회의] 1차 편집회의
조진만, 이주연, 강예린, 황승민, 임선희, 크리스로가 모여 1차 편집회의 진행
«출판업무 개요 및 과거 책자 소개»
«지난해 에디터를 맡았던 이주연의 과거 사례 및 주요사항»
«책을 만드는 과정에 대한 다큐멘터리를 포함하자는 의견 제시»
«편집자 선정에 관한 기초 자료조사»

JULY

7.18 [정보] 편집자 선정(심영규)

7.23 [회의] 2차 편집회의
이주연, 임선희, 심영규, 조진만, 크리스로가 모여 2차 편집회의 진행
«건축가별이 아닌 주제별로 구성»
«다큐멘터리를 제외한 2부분의 주제는 공공프로젝트와 대안주거로 하자»
«2부분에 대한 적당한 필자 추천»

7.24 [페이스북] 비공개 그룹으로 개설
2015 젊은 건축가 단행본을 만드는 과정을 담는 그룹을 만들다.

7.27 [페이스북] 필자 컨택
심영규는 주거대안 파트의 필자로 박해천 교수를 공공프로젝트 필자로 임근준 평론가를 섭외하고, 도큐멘터에는 공을채를 선정했다.

7.28 [이메일] 박해천 교수 청탁
심영규는 강예린을 통해 박해천의 연락처를 받게 되었고, 젊은 건축가상 단행본에 대한 원고 청탁을 했다.

7.28 [이메일] 임근준 청탁
심영규는 임근준과 통화 후 간단한 기획서를 임근준에게 보내 청탁완료

7.28 [페이스북] 행사 스케줄 및 연락처 공유
조진만 건축가는 젊은 건축가 지원사업의 행사 스케줄과 연락처를 첨부

7.28 [페이스북] 필자 확정 알림
심영규는 3명의 필자 및 참여자를 확정
0장 다큐멘터리 정리 및 기록 : 공을채(와이드 AR 외래기자)
1장 새로운 주거 대안 : 박해천 교수님
2장, 공공 프로젝트 : 임근준 평론가

7.28 [페이스북] 기획안 파일 수정
심영규는 정해진 필자에 따라 기획안을 수정 보완하여 PDF파일 업로드, 각 건축가(팀)에게 필자들에게 보낼 포트폴리오를 요청

«수정된 기획안 내용»
새로운 젊은 건축가상 단행본 만들기 전략 Ver.3.0은 기존 젊은 건축가상 도서에 대한 분석과 새로운 젊은 건축가상 단행본을 제안하였다. 구체적으로 1)먼저 독자층은 건축에 관심 있는 30~50대 일반인으로 정하고 이들도 쉽게 이해할 수 있도록, 필자는 기존 건축 전문가 집단보다 글을 쉽고 재미있게 쓰는 필자를 섭외해야 함, 2)구성을 기존 건축가 순서가 아닌 이슈 중심으로 세 건축가(팀) 모두 공공프로젝트와 새로운 주거에 대한 실험을 이어나가고 있으므로, ①새로운 주거의 대안 ②공공 프로젝트 ③ 건축문화 이렇게 3가지 정도의 이슈(주제)에 따라 각각의 건축가들의 프로젝트와 글 인터뷰 그리고 해당 분야에서 나름 해당 주제를 연구하고 있는 사람의 글을 각각 게재하고자 한다.

7.29 [페이스북] 제목 선정의 예시
심영규는 크리스 로 교수와 통화를 통해 제목을 정하고자 함. 심영규는 네가지 제목을 제안 1)젊은 건축, 2)젊은 건축가, 3)젊은 건축가란 4)젊은 건축(가) 그러나 아무도 댓글을 달지 않음.

7.31 [이메일] 건축가(팀)의 포트폴리오 필자에게 전달
심영규는 메일을 통해 포트폴리오를 각 필자에게 전달 각각 주제로 아티클 1개, 자유형식(인터뷰, 리포트, 좌담회)의 원고를 요청, 구체적인 방향은 건축가들과의 미팅으로 이루어지며, 보낸 포트폴리오의 작업이 모두 원고의 대상이진 않는다고 필자에게 알림

AUGUST

8.4 [페이스북] 미팅확정
심영규는 필자와 건축가들과의 미팅을 준비했다. 그는 주제가 다르니만큼 각 주제별로 2회에 걸쳐 간단한 미팅이 필요하다고 말했다. 1차 임근준 미팅은 11일 화요일 10시반, 2차 박해천은 13일 목요일 11시에 잡았다.

8.10 [단톡방] 회의 재공지
심영규는 단체 카톡방을 통해서 회의의 시간과 장소를 재공지했다.
<1차 11일 화요일 10시 30분, 크리스로 교수 연구실 홍대 문헌관 1111호, 2차 13일 목요일 11시, 홍대입구역 3번출구 바로 앞 카페콤마로 모입니다>
그리고 건축가들에게 사전에 보내준 포트폴리오 파일 중 '대안주거'섹션과 '공공프로젝트'섹션에서 이번 책에 소개할 2~3개 프로젝트를 정해서 출력물로 가져올 것을 안내했다.

8.11. [회의] 임근준과의 만남
임근준과 건축가들이 모여 공공프로젝트에 관한 회의를 했다.

-‘공공프로젝트’가 애매한 부분이 있다.
-지어지지 않았지만, 어떠한 특정한 공공성이나 새로운 장소에 개념을 부연하는 것을 모아 글을 쓰기로 함
-건축가들과의 인터뷰 후, 아티클과 자유형식에 관한 글을 작성하기로 함.
-인터뷰 일정 **9**월 **5**일: 이은경, **12**일 : SoA, **19**일 : 조진만

8.11 [페이스북] 아카이브 이미지 포스팅
크리스 로는 임근준 평론가와 건축가들의 회의에서 생긴 이미지를 포스팅했다. 당시 임근준 평론가가 앉아 있던 나무와 못으로 만든 의자가 부셔져서 재미있는 상황이 연출되었고, 그 사진을 올렸다. 다양한 각도에서 찍은 의자와 방문객들이 먹고 간 음료수 병, 포스터와 책 제본 방식을 목업으로 만든 사진들이 업로드 됐다.

8.11 [페이스북] 스케줄 업로드
크리스 로는 스케줄을 업로드했다. 일정은 **8**월에는 포스터와 관련된 디자인이, **9**월에는 인터뷰가 진행되고, 포스터와 엽서를 프린트하고, **10**월에는 각각의 원고 마감 및 번역작업이 이루어지고, **11**월에는 최종 인쇄 파일을 넘겨, **12**월 **4**일에는 마감한다.

8.12 [페이스북] 책의 콘셉트
크리스 로는 이전에 생각해본 책의 콘셉트가 적힌 파일을 업로드 했다. 젊은 건축가상 단행본의 키워드는 ‘Community’, ‘Platform’, ‘Conjunction’, ‘Engagement’, ‘Center’, ‘Hub’고 이를 통해 ‘Re-thinking People’, ‘Re-thinking Place’, ‘Re-thinking Connections’를 생각했다.

8.12 [페이스북] Built Unbuilt
크리스 로는 임근준 평론가와의 회의에서 나왔던 ‘Built’, ‘Unbuilt’에 대해 언급했다.

8.13 [회의] 박해천과 만남
박해천과 건축가들이 모여 주거에 관한 회의를 진행했다.
«이은경은 만리동 주택에 대한 이야기를 했고, SoA는 토끼집, 조진만 건축가는 층층마루보다는 앞으로 지어질 두레주택에 대한 이야기를 나누었다.»
«뚜렷하게 어떤 방향을 전하기 보다는, 현재 주거의 트랜드와 방향성, 정책들에 대한 논의가 이어지며 앞날의 험난함을 예견했다.»

8.13 [페이스북] 전시&도록 회의 사진
임선희는 홍대 앞 카페 콤마에서 진행한 전시 및 도록 회의의 사진들을 업로드했다.

SETEMBER

9.8 [페이스북] **1**차 인터뷰 일정

대부분 내용은 7월과 8월에 걸쳐 있다. ‘회의’는 내용을 짧게 요약했다. ‘정보’와 ‘문자’, ‘메일’, ‘페이스북’은 간략한 정보만 담고 있다. 각 날짜는 작은 소제목을 가지고 있다.

심영규는 휴가를 다녀온 후 **1**차로 진행되는 **12**일의 일정에 관해 언급했다. **12**일 오전은 SoA 사무실에서 **11**시쯤, **2**시반에 이은경 소장님 사무실에서 인터뷰를 진행하는 것을 제안했다.

9.8 [페이스북]**2**차 인터뷰

—— 계속

2015/6/15

《젊은 건축가상 선정》

책이 만들어 지기까지의 과정을 정보, 회의, 문자, 카톡, 메일, 페이스북으로 정리했다. 기간은 6월부터 12월까지다. 대부분 내용은 7월과 8월에 몰려 있다. '회의'는 회의를 짧게 요약했다. '정보'와 '문자', '메일', '페이스북'은 간략한 정보만 감도 있다. 각 날짜는 작은 소제목을 가지고 있다.

6 / 9
information

젊은 건축가 2차 현장 발표 및 최종심사

—

6 / 15
information

젊은 건축가상 선정

이은경
— 이엠에이 건축사사무소
조진만
— 조진만 아키텍츠
이재원+강예린+이치훈
— 건축사무소 에스오에이

6.26 [회의] **1**차 편집회의
조진만, 이주연, 강예린, 황승민, 임선희, 크리스로가 모여 **1**차 편집회의 진행
«출판업무 개요 및 과거 책자 소개»
«지난해 에디터를 맡았던 이주연의 과거 사례 및 주요사항»
«책을 만드는 과정에 대한 다큐멘터리를 포함하자는 의견 제시»
«편집자 선정에 관한 기초 자료조사»

JULY

7.18 [정보] 편집자 선정(심영규)

7.23 [회의] **2**차 편집회의
이주연, 임선희, 심영규, 조진만, 크리스로가 모여 **2**차 편집회의 진행
«건축가별이 아닌 주제별로 구성»
«다큐멘터리를 제외한 **2**부분의 주제는 공공프로젝트와 대안주거로 하자»
«**2**부분에 대한 적당한 필자 추천»

7.24 [페이스북] 비공개 그룹으로 개설
2015 젊은 건축가 단행본을 만드는 과정을 담는 그룹을 만들다.

7.27 [페이스북] 필자 컨텍
심영규는 주거대안 파트의 필자로 박해천 교수를, 공공프로젝트 필자로 임근준 평론가를 섭외하고, 도큐멘터에는 공을채를 선정했다.

7.28 [이메일] 박해천 교수 청탁
심영규는 강예린을 통해 박해천의 연락처를 받게 되었고, 젊은 건축가상 단행본에 대한 원고 청탁을 했다.

7.28 [이메일] 임근준 청탁
심영규는 임근준과 통화 후 간단한 기획서를 임근준에게 보내 청탁완료

7.28 [페이스북] 행사 스케줄 및 연락처 공유
조진만 건축가는 젊은 건축가 지원사업의 행사 스케줄과 연락처를 첨부

7.28 [페이스북] 필자 확정 알림
심영규는 **3**명의 필자 및 참여자를 확정
0장 다큐멘터리 정리 및 기록 : 공을채(와이드 AR 외래기자)
1장 새로운 주거 대안 : 박해천 교수님
2장, 공공 프로젝트 : 임근준 평론가

7.28 [페이스북] 기획안 파일 수정
심영규는 정해진 필자에 따라 기획안을 수정 보완하여 PDF파일 업로드, 각 건축가(팀)에게 필자들에게 보낼 포트폴리오를 요청

«수정된 기획안 내용»
새로운 젊은 건축가상 단행본 만들기 전략 Ver. **3.0**은 기존 젊은 건축가상 도서에 대한 분석과 새로운 젊은 건축가상 단행본을 제안하였다. 구체적으로 **1)**먼저 독자층은 건축에 관심 있는 **30~50**대 일반인으로 정하고 이들도 쉽게 이해할 수 있도록, 필자는 기존 건축 전문가 집단보다 글을 쉽고 재미있게 쓰는 필자를 섭외해야 함, **2)**구성을 기존 건축가 순서가 아닌 이슈 중심으로 세 건축가(팀) 모두 공공프로젝트와 새로운 주거에 대한 실험을 이어나가고 있으므로, ①새로운 주거의 대안 ②공공 프로젝트 ③ 건축문화 이렇게 **3**가지 정도의 이슈(주제)에 따라 각각의 건축가들의 프로젝트와 글 인터뷰 그리고 해당 분야에서 나름 해당 주제를 연구하고 있는 사람의 글을 각각 게재하고자 한다.

7.29 [페이스북] 제목 선정의 예시
심영규는 크리스 로 교수와 통화를 통해 제목을 정하고자 함. 심영규는 네 가지 제목을 제안 **1)**젊은 건축, **2)**젊은 건축가, **3)**젊은 건축가란 **4)**젊은 건축(가) 그러나 아무도 댓글을 달지 않음.

7.31 [이메일] 건축가(팀)의 포트폴리오 필자에게 전달
심영규는 메일을 통해 포트폴리오를 각 필자에게 전달 각각 주제로 아티클 **1**개, 자유형식(인터뷰, 리포트, 좌담회)의 원고를 요청, 구체적인 방향은 건축가들과의 미팅으로 이루어지며, 보낸 포트폴리오의 작업이 모두 원고의 대상이진 않는다고 필자에게 알림

JUNE

AUGUST

8.4 [페이스북] 미팅확정
심영규는 필자와 건축가들과의 미팅을 준비했다. 그는 주제가 다르니만큼 각 주제별로 **2**회에 걸쳐 간단한 미팅이 필요하다고 말했다. **1**차 임근준 미팅은 **11**일 화요일 **10**시 반, **2**차 박해천은 **13**일 목요일 **11**시에 잡았다.

8.10 [단톡방] 회의 재공지
심영규는 단체 카톡방을 통해서 회의의 시간과 장소를 재공지했다. <**1**차 **11**일 화요일 **10**시 **30**분, 크리스로 교수 연구실 홍대 문헌관 **1111**호, **2**차 **13**일 목요일 **11**시, 홍대입구역 **3**번출구 바로 앞 카페콤마로 모입니다> 그리고 건축가들에게 사전에 보내준 포트폴리오 파일 중 '대안주거'섹션과 '공공프로젝트'섹션에서 이번 책에 소개할 **2~3**개 프로젝트를 정해서 출력물로 가져올 것을 안내했다.

— 계속

책이 만들어 지기까지의 과정을 정보, 회의, 문자, 카톡, 메일, 페이스북으로 정리했다. 기간은 6월부터 12월까지다. 대부분 내용은 7월과 8월에 몰려 있다. '회의'는 회의를 짧게 요약했다. '정보'와 '문자', '메일', '페이스북'은 간략한 정보만 감도 있다. 각 날짜는 짧은 소제목을 가지고 있다.

JUNE

6.9 [정보] 젊은 건축가 2차 현장 발표 및 최종심사

6.16 [정보] 젊은 건축가상 선정

6.26

meeting

1차 편집회의

조진만, 이주연, 강예린, 황승민, 임선희, 크리스로가 모여 1차 편집회의 진행

—

출판업무 개요 및 과거 책자 소개

—

지난해 에디터를 맡았던 이주연의 과거 사례 및 주요사항

—

책을 만드는 과정에 대한 다큐멘터리를 포함하자는 의견 제시

—

편집자 선정에 관한 기초 자료조사

JULY

7.18 [정보] 편집자 선정(심영규)

7.23 [회의] 2차 편집회의

이주연, 임선희, 심영규, 조진만, 크리스로가 모여 2차 편집회의 진행

«건축가별이 아닌 주제별로 구성»

«다큐멘터리를 제외한 2부분의 주제는 공공프로젝트와 대안주거로 하자»

«2부분에 대한 적당한 필자 추천»

7.24 [페이스북] 비공개 그룹으로 개설

2015 젊은 건축가 단행본을 만드는 과정을 담는 그룹을 만들다.

7.27 [페이스북] 필자 컨택

심영규는 주거대안 파트의 필자로 박해천 교수를 공공프로젝트 필자로 임근준 평론가를 섭외하고, 도큐멘터에는 공을채를 선정했다.

7.28 [이메일] 박해천 교수 청탁

심영규는 강예린을 통해 박해천의 연락처를 받게 되었고, 젊은 건축가상 단행본에 대한 원고 청탁을 했다.

7.28 [이메일] 임근준 청탁

심영규는 임근준과 통화 후 간단한 기획서를 임근준에게 보내 청탁완료

7.28 [페이스북] 행사 스케줄 및 연락처 공유

조진만 건축가는 젊은 건축가 지원사업의 행사 스케줄과 연락처를 첨부

7.28 [페이스북] 필자 확정 알림

심영규는 3명의 필자 및 참여자를 확정

0장 다큐멘터리 정리 및 기록 : 공을채(와이드 AR 외래기자)

1장 새로운 주거 대안 : 박해천 교수님

2장, 공공 프로젝트 : 임근준 평론가

7.28 [페이스북] 기획안 파일 수정

심영규는 정해진 필자에 따라 기획안을 수정 보완하여 PDF파일 업로드, 각 건축가(팀)에게 필자들에게 보낼 포트폴리오를 요청

«수정된 기획안 내용»

새로운 젊은 건축가상 단행본 만들기 전략 Ver. 3.0은 기존 젊은 건축가상 도서에 대한 분석과 새로운 젊은 건축가상 단행본을 제안하였다.

구체적으로 1)먼저 독자층은 건축에 관심 있는 30~50대 일반인으로 정하고 이들도 쉽게 이해할 수 있도록, 필자는 기존 건축 전문가 집단보다 글을 쉽고 재미있게 쓰는 필자를 섭외해야 함, 2)구성을 기존 건축가 순서가 아닌 이슈 중심으로 세 건축가(팀) 모두 공공프로젝트와 새로운 주거에 대한 실험을 이어나가고 있으므로, ①새로운 주거의 대안 ②공공 프로젝트 ③ 건축문화 이렇게 3가지 정도의 이슈(주제)에 따라 각각의 건축가들의 프로젝트와 글 인터뷰 그리고 해당 분야에서 나름 해당 주제를 연구하고 있는 사람의 글을 각각 게재하고자 한다.

7.29 [페이스북] 제목 선정의 예시

심영규는 크리스 로 교수와 통화를 통해 제목을 정하고자 함. 심영규는 네 가지 제목을 제안 1)젊은 건축, 2)젊은 건축가, 3)젊은 건축가란 4)젊은 건축(가) 그러나 아무도 댓글을 달지 않음.

7.31 [이메일] 건축가(팀)의 포트폴리오 필자에게 전달

심영규는 메일을 통해 포트폴리오를 각 필자에게 전달 각각 주제로 아티클 1개, 자유형식(인터뷰, 리포트, 좌담회)의 원고를 요청, 구체적인 방향은 건축가들과의 미팅으로 이루어지며, 보낸 포트폴리오의 작업이 모두 원고의 대상이진 않는다고 필자에게 알림

AUGUST

8.4 [페이스북] 미팅확정

심영규는 필자와 건축가들과의 미팅을 준비했다. 그는 주제가 다르니만큼 각 주제별로 2회에 걸쳐 간단한 미팅이 필요하다고 말했다. 1차 임근준 미팅은 11일 화요일 10시 반, 2차 박해천은 13일 목요일 11시에 잡았다.

8.10 [단톡방] 회의 재공지

심영규는 단체 카톡방을 통해서 회의의 시간과 장소를 재공지했다.

<1차 11일 화요일 10시 30분, 크리스로 교수 연구실 홍대 문헌관 1111호, 2차 13일 목요일 11시, 홍대입구역 3번출구 바로 앞 카페콤마로 모입니다>

그리고 건축가들에게 사전에 보내준 포트폴리오 파일 중 '대안주거'섹션과 '공공프로젝트'섹션에서 이번 책에 소개할 2~3개 프로젝트를 정해서 출력물로 가져올 것을 안내했다.

8.11. [회의] 임근준과의 만남

임근준과 건축가들이 모여 공공프로젝트에 관한 회의를 했다.

-'공공프로젝트'가 애매한 부분이 있다.

-지어지지 않았지만, 어떠한 특정한 공공성이나 새로운 장소에 개념을 부연하는 것을 모아 글을 쓰기로 함

-건축가들과의 인터뷰 후, 아티클과 자유형식에 관한 글을 작성하기로 함.

-인터뷰 일정 9월 5일: 이은경, 12일 : SoA, 19일 : 조진만

8.11 [페이스북] 아카이브 이미지 포스팅

크리스 로는 임근준 평론가와 건축가들의 회의에서 생긴 이미지를 포스팅했다. 당시 임근준 평론가가 앉아 있던 나무와 못으로 만든 의자가 부서져서 재미있는 상황이 연출되었고, 그 사진을 올렸다. 다양한 각도에서 찍은 의자와 방문객들이 먹고 간 음료수 병, 포스터와 책 제본 방식을 목업으로 만든 사진들이 업로드 됐다.

— 계속

2015/6/26

《1차 편집회의》

책이 만들어 지기까지의 과정을 정보, 회의, 문자, 카톡, 메일, 페이스북으로 정리했다. 기간은 6월부터 12월까지다. 대부분 내용은 7월과 8월에 몰려 있다. '회의'는 회의를 짧게 요약했다. '정보'와 '문자', '메일', '페이스북'은 간략한 정보만 감도 있다. 각 날짜는 작은 소제목을 가지고 있다.

JUNE

6.9 [정보] 젊은 건축가 2차 현장 발표 및 최종심사

6.16 [정보] 젊은 건축가상 선정

6.26 [회의] 1차 편집회의
조진만, 이주연, 강예린, 황승민, 임선희, 크리스로가 모여 1차 편집회의 진행
«출판업무 개요 및 과거 책자 소개»
«지난해 에디터를 맡았던 이주연의 과거 사례 및 주요사항»
«책을 만드는 과정에 대한 다큐멘터리를 포함하자는 의견 제시»
«편집자 선정에 관한 기초 자료조사»

JULY

7 / 18
information

편집자 선정
심영규

—

7 / 23
meeting

2차 편집회의

이주연, 임선희, 심영규, 조진만, 크리스로가 모여 2차 편집회의 진행

—

건축가별이 아닌 주제별로 구성

—

다큐멘터리를 제외한 두 부분의 주제는 공공프로젝트와 대안주거로 하자

—

두 부분에 대한 적합한 필자 추천

7.24 [페이스북] 비공개 그룹으로 개설
2015 젊은 건축가 단행본을 만드는 과정을 담는 그룹을 만들다.

7.27 [페이스북] 필자 컨텍
심영규는 주거대안 파트의 필자로 박해천 교수를 공공프로젝트 필자로 임근준 평론가를 섭외하고, 도큐멘터에는 공을채를 선정했다.

7.28 [이메일] 박해천 교수 청탁
심영규는 강예린을 통해 박해천의 연락처를 받게 되었고, 젊은 건축가상 단행본에 대한 원고 청탁을 했다.

7.28 [이메일] 임근준 청탁, 심영규는 임근준과 통화 후 간단한 기획서를 임근준에게 보내 청탁완료

7.28 [페이스북] 행사 스케줄 및 연락처 공유 조진만 건축가는 젊은 건축가 지원사업의 행사 스케줄과 연락처를 첨부

7.28 [페이스북] 필자 확정 알림
심영규는 3명의 필자 및 참여자를 확정
0장 다큐멘터리 정리 및 기록 : 공을채(와이드 AR 외래기자)
1장 새로운 주거 대안 : 박해천 교수님
2장, 공공 프로젝트 : 임근준 평론가

7.28 [페이스북] 기획안 파일 수정
심영규는 정해진 필자에 따라 기획안을 수정 보완하여 PDF파일 업로드, 각 건축가(팀)에게 필자들에게 보낼 포트폴리오를 요청

«수정된 기획안 내용»
새로운 젊은 건축가상 단행본 만들기 전략 Ver.3.0은 기존 젊은 건축가상 도서에 대한 분석과 새로운 젊은 건축가상 단행본을 제안하였다.
구체적으로 1)먼저 독자층은 건축에 관심 있는 30~50대 일반인으로 정하고 이들도 쉽게 이해할 수 있도록, 필자는 기존 건축 전문가 집단보다 글을 쉽고 재미있게 쓰는 필자를 섭외해야 함, 2)구성을 기존 건축가 순서가 아닌 이슈 중심으로 세 건축가(팀) 모두 공공프로젝트와 새로운 주거에 대한 실험을 이어나가고 있으므로, ①새로운 주거의 대안 ②공공 프로젝트 ③ 건축문화 이렇게 3가지 정도의 이슈(주제)에 따라 각각의 건축가들의 프로젝트와 글 인터뷰 그리고 해당 분야에서 나름 해당 주제를 연구하고 있는 사람의 글을 각각 게재하고자 한다.

7.29 [페이스북] 제목 선정의 예시
심영규는 크리스 로 교수와 통화를 통해 제목을 정하고자 함. 심영규는 네 가지 제목을 제안 1)젊은 건축, 2)젊은 건축가, 3)젊은 건축가란 4)젊은 건축(가) 그러나 아무도 댓글을 달지 않음.

7.31 [이메일] 건축가(팀)의 포트폴리오 필자에게 전달
심영규는 메일을 통해 포트폴리오를 각 필자에게 전달 각각 주제로 아티클 1개, 자유형식(인터뷰, 리포트, 좌담회)의 원고를 요청, 구체적인 방향은 건축가들과의 미팅으로 이루어지며, 보낸 포트폴리오의 작업이 모두 원고의 대상이진 않는다고 필자에게 알림

AUGUST

8.4 [페이스북] 미팅확정
심영규는 필자와 건축가들과의 미팅을 준비했다. 그는 주제가 다르니만큼 각 주제별로 2회에 걸쳐 간단한 미팅이 필요하다고 말했다. 1차 임근준 미팅은 11일 화요일 10시 반, 2차 박해천은 13일 목요일 11시에 잡았다.

8.10 [단톡방] 회의 재공지
심영규는 단체 카톡방을 통해서 회의의 시간과 장소를 재공지했다.
<1차 11일 화요일 10시 30분, 크리스로 교수 연구실 홍대 문헌관 1111호, 2차 13일 목요일 11시, 홍대입구역 3번출구 바로 앞 카페콤마로 모입니다>
그리고 건축가들에게 사전에 보내준 포트폴리오 파일 중 '대안주거'섹션과 '공공프로젝트'섹션에서 이번 책에 소개할 2~3개 프로젝트를 정해서 출력물로 가져올 것을 안내했다.

— 계속

2015/7/23

《2차 편집회의》

JUNE

6.9 [정보] 젊은 건축가 2차 현장 발표 및 최종심사

6.16 [정보] 젊은 건축가상 선정

6.26 [회의] 1차 편집회의

조진만, 이주연, 강예린, 황승민, 임선희, 크리스로가 모여 1차 편집회의 진행

«출판업무 개요 및 과거 책자 소개»

«지난해 에디터를 맡았던 이주연의 과거 사례 및 주요사항»

«책을 만드는 과정에 대한 다큐멘터리를 포함하자는 의견 제시»

«편집자 선정에 관한 기초 자료조사»

JULY

7.18 [정보] 편집자 선정(심영규)

7.23 [회의] 2차 편집회의

이주연, 임선희, 심영규, 조진만, 크리스로가 모여 2차 편집회의 진행

«건축가별이 아닌 주제별로 구성»

«다큐멘터리를 제외한 2부분의 주제는 공공프로젝트와 대안주거로 하자»

«2부분에 대한 적당한 필자 추천»

«수정된 기획안 내용»

새로운 젊은 건축가상 단행본 만들기 전략 Ver.3.0은 기존 젊은 건축가상 도서에 대한 분석과 새로운 젊은 건축가상 단행본을 제안하였다. 구체적으로 1)먼저 독자층은 건축에 관심 있는 30~50대 일반인으로 정하고 이들도 쉽게 이해할 수 있도록, 필자는 기존 건축 전문가 집단보다 글을 쉽고 재미있게 쓰는 필자를 섭외해야 함, 2)구성을 기존 건축가 순서가 아닌 이슈 중심으로 세 건축가(팀) 모두 공공프로젝트와 새로운 주거에 대한 실험을 이어나가고 있으므로, ①새로운 주거의 대안 ②공공 프로젝트 ③ 건축문화 이렇게 3가지 정도의 이슈(주제)에 따라 각각의 건축가들의 프로젝트와 글 인터뷰 그리고 해당 분야에서 나름 해당 주제를 연구하고 있는 사람의 글을 각각 게재하고자 한다.

방향은 건축가들과의 미팅으로 이루어지며, 보낸 포트폴리오의 작업이 모두 원고의 대상이진 않는다고 필자에게 알림

AUGUST

8.4 [페이스북] 미팅확정

심영규는 필자와 건축가들과의 미팅을 준비했다. 그는 주제가 다르니만큼 각 주제별로 2회에 걸쳐 간단한 미팅이 필요하다고 말했다. 1차 임근준 미팅은 11일 화요일 10시 반, 2차 박해천은 13일 목요일 11시에 잡았다.

8.10 [단톡방] 회의 재공지

심영규는 단체 카톡방을 통해서 회의의 시간과 장소를 재공지했다.

<1차 11일 화요일 10시 30분, 크리스로 교수 연구실 홍대 문헌관 1111호, 2차 13일 목요일 11시, 홍대입구역 3번출구 바로 앞 카페콤마로 모입니다>

그리고 건축가들에게 사전에 보내준 포트폴리오 파일 중 '대안주거'섹션과 '공공프로젝트'섹션에서 이번 책에 소개할 2~3개 프로젝트를 정해서 출력물로 가져올 것을 안내했다.

7 / 24 facebook 비공개 그룹 개설

2015 젊은 건축가 단행본을 만드는 과정을 담는 그룹을 만들다.

—

7 / 27 facebook 필자컨텍

심영규는 주거대안 파트의 필자로 박해천 교수를 공공프로젝트 필자로 임근준 평론가를 섭외하고, 다큐멘터리에는 공을채를 선정했다.

7.28 [이메일] 박해천 교수 청탁

심영규는 강예린을 통해 박해천의 연락처를 받게 되었고, 젊은 건축가상 단행본에 대한 원고 청탁을 했다.

7.28 [이메일] 임근준 청탁

심영규는 임근준과 통화 후 간단한 기획서를 임근준에게 보내 청탁완료

7.28 [페이스북] 행사 스케줄 및 연락처 공유

조진만 건축가는 젊은 건축가 지원사업의 행사 스케줄과 연락처를 첨부

7.28 [페이스북] 필자 확정 알림

심영규는 3명의 필자 및 참여자를 확정

0장 다큐멘터리 정리 및 기록 : 공을채(와이드 AR 외래기자)

1장 새로운 주거 대안 : 박해천 교수님

2장, 공공 프로젝트 : 임근준 평론가

7.28 [페이스북] 기획안 파일 수정

심영규는 정해진 필자에 따라 기획안을 수정 보완하여 PDF파일 업로드, 각 건축가(팀)에게 필자들에게 보낼 포트폴리오를 요청

7.29 [페이스북] 제목 선정의 예시

심영규는 크리스 로 교수와 통화를 통해 제목을 정하고자 함. 심영규는 네 가지 제목을 제안 1)젊은 건축, 2)젊은 건축가, 3)젊은 건축가란 4)젊은 건축(가) 그러나 아무도 댓글을 달지 않음.

7.31 [이메일] 건축가(팀)의 포트폴리오 필자에게 전달

심영규는 메일을 통해 포트폴리오를 각 필자에게 전달 각각 주제로 아티클 1개, 자유형식(인터뷰, 리포트, 좌담회)의 원고를 요청, 구체적인

8.11. [회의] 임근준과의 만남

임근준과 건축가들이 모여 공공프로젝트에 관한 회의를 했다.

-'공공프로젝트'가 애매한 부분이 있다.

-지어지지 않았지만, 어떠한 특정한 공공성이나 새로운 장소에 개념을 부연하는 것을 모아 글을 쓰기로 함

-건축가들과의 인터뷰 후, 아티클과 자유형식에 관한 글을 작성하기로 함.

—— 계속

책이 만들어 지기까지의 과정을 정보, 회의, 문자, 카톡, 메일, 페이스북으로 정리했다. 기간은 6월부터 12월까지다. 대부분 내용은 7월과 8월에 몰려 있다. '회의'는 회의를 짧게 요약했다. '정보'와 '문자', '메일', '페이스북'은 간략한 정보만 감도 있다. 각 날짜는 작은 소제목을 가지고 있다.

JUNE

6.9 [정보] 젊은 건축가 2차 현장 발표 및 최종심사

6.16 [정보] 젊은 건축가상 선정

6.26 [회의] 1차 편집회의
조진만, 이주연, 강예린, 황승민, 임선희, 크리스로가 모여 1차 편집회의 진행
«출판업무 개요 및 과거 책자 소개»
«지난해 에디터를 맡았던 이주연의 과거 사례 및 주요사항»
«책을 만드는 과정에 대한 다큐멘터리를 포함하자는 의견 제시»
«편집자 선정에 관한 기초 자료조사»

JULY

7.18 [정보] 편집자 선정(심영규)

7.23 [회의] 2차 편집회의
이주연, 임선희, 심영규, 조진만, 크리스로가 모여 2차 편집회의 진행
«건축가별이 아닌 주제별로 구성»
«다큐멘터리를 제외한 2부분의 주제는 공공프로젝트와 대안주거로 하자»
«2부분에 대한 적당한 필자 추천»

7.24 [페이스북] 비공개 그룹으로 개설
2015 젊은 건축가 단행본을 만드는 과정을 담는 그룹을 만들다.

7.27 [페이스북] 필자 컨택
심영규는 주거대안 파트의 필자로 박해천 교수를 공공프로젝트 필자로 임근준 평론가를 섭외하고, 도큐멘터에는 공을채를 선정했다.

7.28 [페이스북] 필자 확정 알림
심영규는 3명의 필자 및 참여자를 확정
0장 다큐멘터리 정리 및 기록 : 공을채(와이드 AR 외래기자)
1장 새로운 주거 대안 : 박해천 교수님
2장, 공공 프로젝트 : 임근준 평론가

7.28 [페이스북] 기획안 파일 수정
심영규는 정해진 필자에 따라 기획안을 수정 보완하여 PDF파일 업로드, 각 건축가(팀)에게 필자들에게 보낼 포트폴리오를 요청

«수정된 기획안 내용»
새로운 젊은 건축가상 단행본 만들기 전략 Ver. 3.0은 기존 젊은 건축가상 도서에 대한 분석과 새로운 젊은 건축가상 단행본을 제안하였다. 구체적으로 1)먼저 독자층은 건축에 관심 있는 30~50대 일반인으로 정하고 이들도 쉽게 이해할 수 있도록, 필자는 기존 건축 전문가 집단보다 글을 쉽고 재미있게 쓰는 필자를 섭외해야 함, 2)구성을 기존 건축가 순서가 아닌 이슈 중심으로 세 건축가(팀) 모두 공공프로젝트와 새로운 주거에 대한 실험을 이어나가고 있으므로, ①새로운 주거의 대안 ②공공 프로젝트 ③ 건축문화 이렇게 3가지 정도의 이슈(주제)에 따라 각각의 건축가들의 프로젝트와 글 인터뷰 그리고 해당 분야에서 나름 해당 주제를 연구하고 있는 사람의 글을 각각 게재하고자 한다.

7.29 [페이스북] 제목 선정의 예시
심영규는 크리스 로 교수와 통화를 통해 제목을 정하고자 함. 심영규는 네 가지 제목을 제안 1)젊은 건축, 2)젊은 건축가, 3)젊은 건축가란 4)젊은 건축(가) 그러나 아무도 댓글을 달지 않음.

7.31 [이메일] 건축가(팀)의 포트폴리오 필자에게 전달
심영규는 메일을 통해 포트폴리오를 각 필자에게 전달 각각 주제로 아티클 1개, 자유형식(인터뷰, 리포트, 좌담회)의 원고를 요청, 구체적인 방향은 건축가들과의 미팅으로 이루어지며, 보낸 포트폴리오의 작업이 모두 원고의 대상이진 않는다고 필자에게 알림

7 / 28

e-mail

박해천 교수 청탁

심영규는 강예린을 통해 박해천의 연락처를 받게 되었고, 젊은 건축가상 단행본에 대한 원고 청탁을 했다.

—

7 / 28

e-mail

임근준 청탁

심영규는 임근준과 통화 후 간단한 기획서를 임근준에게 보내 청탁완료

—

7 / 28

facebook

행사 스케줄 및 연락처 공유

조진만은 젊은 건축가 지원사업의 행사 스케줄과 연락처를 첨부

AUGUST

8.4 [페이스북] 미팅확정
심영규는 필자와 건축가들과의 미팅을 준비했다. 그는 주제가 다르니만큼 각 주제별로 2회에 걸쳐 간단한 미팅이 필요하다고 말했다. 1차 임근준 미팅은 11일 화요일 10시 반, 2차 박해천은 13일 목요일 11시에 잡았다.

8.10 [단톡방] 회의 재공지
심영규는 단체 카톡방을 통해서 회의의 시간과 장소를 재공지했다. <1차 11일 화요일 10시 30분, 크리스로 교수 연구실 홍대 문헌관 1111호, 2차 13일 목요일 11시, 홍대입구역 3번출구 바로 앞 카페콤마로 모입니다> 그리고 건축가들에게 사전에 보내준 프트폴리오 파일 중 '대안주거'섹션과 '공공프로젝트'섹션에서 이번 책에 소개할 2~3개 프로젝트를 정해서 출력물로 가져올 것을 안내했다.

— 계속

책이 만들어 지기까지의 과정을 정보, 회의, 문자, 카톡, 메일, 페이스북으로 정리했다. 기간은 6월부터 12월까지다. 대부분 내용은 7월과 8월에 몰려 있다. '회의'는 회의를 짧게 요약했다. '정보'와 '문자', '메일', '페이스북'은 간략한 정보만 감도 있다. 각 날짜는 짧은 소제목을 가지고 있다.

7 / 28 facebook 필자 확정 알림

JUNE

6.9 [정보] 젊은 건축가 2차 현장 발표 및 최종심사

6.16 [정보] 젊은 건축가상 선정

6.26 [회의] 1차 편집회의

조진만, 이주연, 강예린, 황승민, 임선희, 크리스로가 모여 1차 편집회의 진행

«출판업무 개요 및 과거 책자 소개»

«지난해 에디터를 맡았던 이주연의 과거 사례 및 주요사항»

«책을 만드는 과정에 대한 다큐멘터리를 포함하자는 의견 제시»

«편집자 선정에 관한 기초 자료조사»

JULY

7.18 [정보] 편집자 선정(심영규)

7.23 [회의] 2차 편집회의

이주연, 임선희, 심영규, 조진만, 크리스로가 모여 2차 편집회의 진행

«건축가별이 아닌 주제별로 구성»

«다큐멘터리를 제외한 2부분의 주제는 공공프로젝트와 대안주거로 하자»

«2부분에 대한 적당한 필자 추천»

7.24 [페이스북] 비공개 그룹으로 개설

2015 젊은 건축가 단행본을 만드는 과정을 담는 그룹을 만들다.

7.27 [페이스북] 필자 컨택

심영규는 주거대안 파트의 필자로 박해천 교수를, 공공프로젝트 필자로 임근준 평론가를 섭외하고, 도큐멘터에는 공을채를 선정했다.

7.28 [이메일] 박해천 교수 청탁

심영규는 강예린을 통해 박해천의 연락처를 받게 되었고, 젊은 건축가상 단행본에 대한 원고 청탁을 했다.

7.28 [이메일] 임근준 청탁

심영규는 임근준과 통화 후 간단한 기획서를 임근준에게 보내 청탁완료

7.28 [페이스북] 행사 스케줄 및 연락처 공유

조진만 건축가는 젊은 건축가 지원사업의 행사 스케줄과 연락처를 첨부

7.28 [페이스북] 기획안 파일 수정

심영규는 정해진 필자에 따라 기획안을 수정 보완하여 PDF파일 업로드, 각 건축가(팀)에게 필자들에게 보낼 포트폴리오를 요청

심영규는 3명의 필자 및 참여자를 확정

—

1장, 공공 프로젝트 : 임근준 평론가

—

2장, 다큐멘터리 정리 및 기록 : 공을채(와이드 AR 외래기자)

—

3장, 새로운 주거 대안 : 박해천 교수

«수정된 기획안 내용»

새로운 젊은 건축가상 단행본 만들기 전략 Ver.3.0은 기존 젊은 건축가상 도서에 대한 분석과 새로운 젊은 건축가상 단행본을 제안하였다. 구체적으로 1)먼저 독자층은 건축에 관심 있는 30~50대 일반인으로 정하고 이들도 쉽게 이해할 수 있도록, 필자는 기존 건축 전문가 집단보다 글을 쉽고 재미있게 쓰는 필자를 섭외해야 함, 2)구성을 기존 건축가 순서가 아닌 이슈 중심으로 세 건축가(팀) 모두 공공프로젝트와 새로운 주거에 대한 실험을 이어나가고 있으므로, ① 새로운 주거의 대안 ② 공공 프로젝트 ③ 건축문화 이렇게 3가지 정도의 이슈(주제)에 따라 각각의 건축가들의 프로젝트와 글 인터뷰 그리고 해당 분야에서 나름 해당 주제를 연구하고 있는 사람의 글을 각각 게재하고자 한다.

7.29 [페이스북] 제목 선정의 예시

심영규는 크리스 로 교수와 통화를 통해 제목을 정하고자 함. 심영규는 네 가지 제목을 제안 1)젊은 건축, 2)젊은 건축가, 3)젊은 건축가란 4)젊은 건축(가) 그러나 아무도 댓글을 달지 않음.

7.31 [이메일] 건축가(팀)의 포트폴리오 필자에게 전달

심영규는 메일을 통해 포트폴리오를 각 필자에게 전달 각각 주제로 아티클 1개, 자유형식(인터뷰, 리포트, 좌담회)의 원고를 요청, 구체적인 방향은 건축가들과의 미팅으로 이루어지며, 보낸 포트폴리오의 작업이 모두 원고의 대상이진 않는다고 필자에게 알림

AUGUST

8.4 [페이스북] 미팅확정

심영규는 필자와 건축가들과의 미팅을 준비했다. 그는 주제가 다르니만큼 각 주제별로 2회에 걸쳐 간단한 미팅이 필요하다고 말했다. 1차 임근준 미팅은 11일 화요일 10시 반, 2차 박해천은 13일 목요일 11시에 잡았다.

8.10 [단톡방] 회의 재공지

심영규는 단체 카톡방을 통해서 회의의 시간과 장소를 재공지했다.

<1차 11일 화요일 10시 30분, 크리스로 교수 연구실 홍대 문헌관 1111호, 2차 13일 목요일 11시, 홍대입구역 3번출구 바로 앞 카페콤마로 모입니다>

그리고 건축가들에게 사전에 보내준 포트폴리오 파일 중 '대안주거'섹션과 '공공프로젝트'섹션에서 이번 책에 소개할 2~3개 프로젝트를 정해서 출력물로 가져올 것을 안내했다.

8.11. [회의] 임근준과의 만남

임근준과 건축가들이 모여 공공프로젝트에 관한 회의를 했다.

-'공공프로젝트'가 애매한 부분이 있다.

-지어지지 않았지만, 어떠한 특정한 공공성이나 새로운 장소에 개념을 부연하는 것을 모아 글을 쓰기로 함

-건축가들과의 인터뷰 후, 아티클과 자유형식에 관한 글을 작성하기로 함.

-인터뷰 일정 9월 5일: 이은경, 12일 : SoA, 19일 : 조진만

8.11 [페이스북] 아카이브 이미지 포스팅

크리스 로는 임근준 평론가와 건축가들의 회의에서 생긴 이미지를 포스팅했다. 당시 임근준 평론가가 앉아 있던 나무와 못으로 만든 의자가 부셔져서 재미있는 상황이 연출되었고, 그 사진을 올렸다. 다양한 각도에서 찍은 의자와 방문객들이 먹고 간 음료수 병, 포스터와 책 제본 방식을 목업으로 만든 사진들이 업로드 됐다.

8.11 [페이스북] 스케줄 업로드

크리스 로는 스케줄을 업로드했다. 일정은 8월에는 포스터와 관련된 디자인이, 9월에는 인터뷰가 진행되고, 포스터와 엽서를 프린트하고, 10월에는 각각의 원고 마감 및 번역작업이 이루어지고, 11월에는 최종 인쇄 파일을 넘겨, 12월 4일에는 마감한다.

8.12 [페이스북] 책의 콘셉트

크리스 로는 이전에 생각해본 책의 콘셉트가 적힌 파일을 업로드 했다. 젊은 건축가상 단행본의 키워드는 'Community', 'Platform', 'Conjunction', 'Engagement', 'Center', 'Hub'고 이를 통해 'Re-thinking People', 'Re-thinking Place', 'Re-thinking Connections'를 생각했다.

8.12 [페이스북] Built Unbuilt

크리스 로는 임근준 평론가와의 회의에서 나왔던 'Built', 'Unbuilt'에 대해 언급했다.

8.13 [회의] 박해천과 만남

박해천과 건축가들이 모여 주거에 관한 회의를 진행했다.

이은경은 만리동 주택에 대한 이야기를 했고, SoA는 토끼집, 조진만 건축가는 층층마루보다는 앞으로 지어질 두레주택에 대한 이야기를 나누었다. 뚜렷하게 어떤 방향을 전하기 보다는, 현재 주거의 트랜드와 방향성, 정책들에 대한 논의가 이어지며 앞날의 험난함을 예견했다.

—— 계속

7 / 28
facebook

기획안 파일 수정

심영규는 정해진 필자에 따라 기획안을 수정 보완하여 PDF 파일 업로드, 각 건축가(팀)에게 필자들에게 보낼 포트폴리오를 요청

구체적으로

(1) 먼저 독자층은 건축에 관심 있는 30~50대 일반인으로 정하고 이들도 쉽게 이해할 수 있도록,
필자는 기존 건축 전문가 집단보다 글을 쉽고 재미있게 쓰는 필자를 섭외해야 함.

(2) 구성을 기존 건축가 순서가 아닌 이슈 중심으로 세 건축가(팀) 모두 공공프로젝트와 새로운 주거에 대한 실험을 이어나가고 있으므로,

① 새로운 주거의 대안
② 공공 프로젝트
③ 건축문화 이렇게 3가지 정도의 이슈(주제)에 따라 각각의 건축가들의 프로젝트와 글, 인터뷰 그리고 해당 분야에서 나름 해당 주제를 연구하고 있는 사람의 글을 각각 게재하고자 한다.

JUNE

6.9 [정보] 젊은 건축가 **2**차 현장 발표 및 최종심사

6.16 [정보] 젊은 건축가상 선정

6.26 [회의] **1**차 편집회의
조진만, 이주연, 강예린, 황승민, 임선희, 크리스로가 모여 **1**차 편집회의 진행
«출판의무 개요 및 과거 책자 소개»
«지난해 에디터를 맡았던 이주연의 과거 사례 및 주요사항»
«책을 만드는 과정에 대한 다큐멘터리를 포함하자는 의견 제시»
«편집자 선정에 관한 기초 자료조사»

JULY

7.18 [정보] 편집자 선정(심영규)

7.23 [회의] **2**차 편집회의
이주연, 임선희, 심영규, 조진만, 크리스로가 모여 **2**차 편집회의 진행
«건축가별이 아닌 주제별로 구성»
«다큐멘터리를 제외한 **2**부분의 주제는 공공프로젝트와 대안주거로 하자»
«**2**부분에 대한 적당한 필자 추천»

7.24 [페이스북] 비공개 그룹으로 개설
2015 젊은 건축가 단행본을 만드는 과정을 담는 그룹을 만들다.

7.27 [페이스북] 필자 컨텍
심영규는 주거대안 파트의 필자로 박해천 교수를 공공프로젝트 필자로 임근준 평론가를 섭외하고, 도큐멘터에는 공을채를 선정했다.

7.28 [이메일] 박해천 교수 청탁
심영규는 강예린을 통해 박해천의 연락처를 받게 되었고, 젊은 건축가상 단행본에 대한 원고 청탁을 했다.

7.28 [이메일] 임근준 청탁
심영규는 임근준과 통화 후 간단한 기획서를 임근준에게 보내 청탁완료

7.28 [페이스북] 행사 스케줄 및 연락처 공유
조진만은 젊은 건축가 지원사업의 행사 스케줄과 연락처를 첨부

7.28 [페이스북] 필자 확정 알림
심영규는 **3**명의 필자 및 참여자를 확정
0장 다큐멘터리 정리 및 기록 : 공을채(와이드 AR 외래기자)
1장 새로운 주거 대안 : 박해천 교수님
2장, 공공 프로젝트 : 임근준 평론가

7.28 [페이스북] 기획안 파일 수정
심영규는 정해진 필자에 따라 기획안을 수정 보완하여 PDF파일 업로드, 각 건축가(팀)에게 필자들에게 보낼 포트폴리오를 요청

«수정된 기획안 내용»
새로운 젊은 건축가상 단행본 만들기 전략 Ver.**3**.**0**은 기존 젊은 건축가상 도서에 대한 분석과 새로운 젊은 건축가상 단행본을 제안하였다. 구체적으로 **1**)먼저 독자층은 건축에 관심 있는 **30**~**50**대 일반인으로 정하고 이들도 쉽게 이해할 수 있도록, 필자는 기존 건축 전문가 집단보다 글을 쉽고 재미있게 쓰는 필자를 섭외해야 함, **2**)구성을 기존 건축가 순서가 아닌 이슈 중심으로 세 건축가(팀) 모두 공공프로젝트와 새로운 주거에 대한 실험을 이어나가고 있으므로, ①새로운 주거의 대안 ②공공 프로젝트 ③ 건축문화 이렇게 **3**가지 정도의 이슈(주제)에 따라 각각의 건축가들의 프로젝트와 글 인터뷰 그리고 해당 분야에서 나름 해당 주제를 연구하고 있는 사람의 글을 각각 게재하고자 한다.

7 / 29

facebook

제목 선정의 예시

심영규는 크리스로 교수와 통화를 통해 제목을 정하고자 함. 심영규는 네 가지 제목을 제안

(1) 젊은 건축,
(2) 젊은 건축가,
(3) 젊은 건축가란
(4) 젊은 건축(가)

그러나 아무도 댓글을 달지 않음.

7.31 [이메일] 건축가(팀)의 포트폴리오 필자에게 전달
심영규는 메일을 통해 포트폴리오를 각 필자에게 전달 각각 주제로 아티클 **1**개, 자유형식(인터뷰, 리포트, 좌담회)의 원고를 요청, 구체적인 방향은 건축가들과의 미팅으로 이루어지며, 보낸 포트폴리오의 작업이 모두 원고의 대상이진 않는다고 필자에게 알림

AUGUST

8.4 [페이스북] 미팅확정
심영규는 필자와 건축가들과의 미팅을 준비했다. 그는 주제가 다르니만큼 각 주제별로 **2**회에 걸쳐 간단한 미팅이 필요하다고 말했다. **1**차 임근준 미팅은 **11**일 화요일 **10**시 반, **2**차 박해천은 **13**일 목요일 **11**시에 잡았다.

8.10 [단톡방] 회의 재공지
심영규는 단체 카톡방을 통해서 회의의 시간과 장소를 재공지했다.
<**1**차 **11**일 화요일 **10**시 **30**분, 크리스로 교수 연구실 홍대 문헌관 **1111**호, **2**차 **13**일 목요일 **11**시, 홍대입구역 **3**번출구 바로 앞 카페콤마로 모입니다>
그리고 건축가들에게 사전에 보내준 포트폴리오 파일 중 '대안주거'섹션과 '공공프로젝트'섹션에서 이번 책에 소개할 **2**~**3**개 프로젝트를 정해서 출력물로 가져올 것을 안내했다.

8.11. [회의] 임근준과의 만남
임근준과 건축가들이 모여 공공프로젝트에 관한 회의를 했다.
-'공공프로젝트'가 애매한 부분이 있다.
-지어지지 않았지만, 어떠한 특정한 공공성이나 새로운 장소에 개념을 부연하는 것을 모아 글을 쓰기로 함
-건축가들과의 인터뷰 후, 아티클과 자유형식에 관한 글을 작성하기로 함.
-인터뷰 일정 **9**월 **5**일: 이은경, **12**일 : SoA, **19**일 : 조진만

8.11 [페이스북] 아카이브 이미지 포스팅
크리스 로는 임근준 평론가와 건축가들의 회의에서 생긴 이미지를 포스팅했다. 당시 임근준 평론가가 앉아 있던 나무와 못으로 만든 의자가 부서져서 재미있는 상황이 연출되었고, 그 사진을 올렸다. 다양한 각도에서 찍은 의자와 방문객들이 먹고 간 음료수 병, 포스터와 책 제본 방식을 목업으로 만든 사진들이 업로드 됐다.

8.11 [페이스북] 스케줄 업로드
크리스 로는 스케줄을 업로드했다. 일정은 **8**월에는 포스터와 관련된 디자인이, **9**월에는 인터뷰가 진행되고, 포스터와 엽서를 프린트하고, **10**월에는 각각의 원고 마감 및 번역작업이 이루어지고, **11**월에는 최종 인쇄 파일을 넘겨, **12**월 **4**일에는 마감한다.

8.12 [페이스북] 책의 콘셉트
크리스 로는 이전에 생각해본 책의 콘셉트가 적힌 파일을 업로드 했다. 젊은 건축가상 단행본의 키워드는 'Community', 'Platform', 'Conjunction', 'Engagement', 'Center', 'Hub'고 이를 통해 'Re-thinking People', 'Re-thinking Place', 'Re-thinking Connections'를 생각했다.

책이 만들어 지기까지의 과정을 정보, 회의, 문자, 카톡, 메일, 페이스북으로 정리했다. 기간은 6월부터 12월까지다. 대부분 내용은 7월과 8월에 몰려 있다. '회의'는 회의를 짧게 요약했다. '정보'와 '문자', '메일', '페이스북'은 간략한 정보만 담도 있다. 각 날짜는 작은 소제목을 가지고 있다.

JUNE

6.9 [정보] 젊은 건축가 2차 현장 발표 및 최종심사

6.16 [정보] 젊은 건축가상 선정

6.26 [회의] 1차 편집회의
조진만, 이주연, 강예린, 황승민, 임선희, 크리스로가 모여 1차 편집회의 진행
«출판업무 개요 및 과거 책자 소개»
«지난해 에디터를 맡았던 이주연의 과거 사례 및 주요사항»
«책을 만드는 과정에 대한 다큐멘터리를 포함하자는 의견 제시»
«편집자 선정에 관한 기초 자료조사»

JULY

7.18 [정보] 편집자 선정(심영규)

7.23 [회의] 2차 편집회의
이주연, 임선희, 심영규, 조진만, 크리스로가 모여 2차 편집회의 진행
«건축가별이 아닌 주제별로 구성»
«다큐멘터리를 제외한 2부분의 주제는 공공프로젝트와 대안주거로 하자»
«2부분에 대한 적당한 필자 추천»

7.24 [페이스북] 비공개 그룹으로 개설
2015 젊은 건축가 단행본을 만드는 과정을 담는 그룹을 만들다.

7.27 [페이스북] 필자 컨텍
심영규는 주거대안 파트의 필자로 박해천 교수를, 공공프로젝트 필자로 임근준 평론가를 섭외하고, 도큐멘터에는 공을채를 선정했다.

7.28 [이메일] 박해천 교수 청탁
심영규는 강예린을 통해 박해천의 연락처를 받게 되었고, 젊은 건축가상 단행본에 대한 원고 청탁을 했다.

7.28 [이메일] 임근준 청탁
심영규는 임근준과 통화 후 간단한 기획서를 임근준에게 보내 청탁완료

7.28 [페이스북] 행사 스케줄 및 연락처 공유
조진만 건축가는 젊은 건축가 지원사업의 행사 스케줄과 연락처를 첨부

7.28 [페이스북] 필자 확정 알림
심영규는 3명의 필자 및 참여자를 확정
0장 다큐멘터리 정리 및 기록 : 공을채(와이드 AR 외래기자)
1장 새로운 주거 대안 : 박해천 교수님
2장, 공공 프로젝트 : 임근준 평론가

7.28 [페이스북] 기획안 파일 수정
심영규는 정해진 필자에 따라 기획안을 수정 보완하여 PDF파일 업로드, 각 건축가(팀)에게 필자들에게 보낼 포트폴리오를 요청

«수정된 기획안 내용»
새로운 젊은 건축가상 단행본 만들기 전략 Ver. 3.0은 기존 젊은 건축가상 도서에 대한 분석과 새로운 젊은 건축가상 단행본을 제안하였다. 구체적으로 1)먼저 독자층은 건축에 관심 있는 30~50대 일반인으로 정하고 이들도 쉽게 이해할 수 있도록, 필자는 기존 건축 전문가 집단보다 글을 쉽고 재미있게 쓰는 필자를 섭외해야 함, 2)구성을 기존 건축가 순서가 아닌 이슈 중심으로 세 건축가(팀) 모두 공공프로젝트와 새로운 주거에 대한 실험을 이어나가고 있으므로, ①새로운 주거의 대안 ②공공 프로젝트 ③ 건축문화 이렇게 3가지 정도의 이슈(주제)에 따라 각각의 건축가들의 프로젝트와 글 인터뷰 그리고 해당 분야에서 나름 해당 주제를 연구하고 있는 사람의 글을 각각 게재하고자 한다.

7.29 [페이스북] 제목 선정의 예시
심영규는 크리스 로 교수와 통화를 통해 제목을 정하고자 함. 심영규는 네 가지 제목을 제안 1)젊은 건축, 2)젊은 건축가, 3)젊은 건축가란 4)젊은 건축(가) 그러나 아무도 댓글을 달지 않음.

7 / 31

e-mail

건축가(팀)의 포트폴리오 필자에게 전달

심영규는 메일을 통해 포트폴리오를 각 필자에게 전달, 각각 주제로 아티클 1개, 자유형식(인터뷰, 리포트, 좌담회)의 원고를 요청, 구체적인 방향은 건축가들과의 미팅으로 이루어지며, 보낸 포트폴리오의 작업이 모두 원고의 대상이진 않는다고 필자에게 알림

AUGUST

8.4 [페이스북] 미팅확정
심영규는 필자와 건축가들과의 미팅을 준비했다. 그는 주제가 다르니만큼 각 주제별로 2회에 걸쳐 간단한 미팅이 필요하다고 말했다. 1차 임근준 미팅은 11일 화요일 10시 반, 2차 박해천은 13일 목요일 11시에 잡았다.

8.10 [단톡방] 회의 재공지
심영규는 단체 카톡방을 통해서 회의의 시간과 장소를 재공지했다.
<1차 11일 화요일 10시 30분, 크리스로 교수 연구실 홍대 문헌관 1111호, 2차 13일 목요일 11시, 홍대입구역 3번출구 바로 앞 카페콤마로 모입니다>
그리고 건축가들에게 사전에 보내준 포트폴리오 파일 중 '대안주거'섹션과 '공공프로젝트'섹션에서 이번 책에 소개할 2~3개 프로젝트를 정해서 출력물로 가져올 것을 안내했다.

8.11 [회의] 임근준과의 만남
임근준과 건축가들이 모여 공공프로젝트에 관한 회의를 했다.
-'공공프로젝트'가 애매한 부분이 있다. -지어지지 않았지만, 어떠한 특정한 공공성이나 새로운 장소에 개념을 부연하는 것을 모아 글을 쓰기로 함
-건축가들과의 인터뷰 후, 아티클과 자유형식에 관한 글을 작성하기로 함.
-인터뷰 일정 9월 5일: 이은경, 12일 : SoA, 19일 : 조진만

8.11 [페이스북] 아카이브 이미지 포스팅
크리스 로는 임근준 평론가와 건축가들의 회의에서 생긴 이미지를 포스팅했다. 당시 임근준 평론가가 앉아 있던 나무와 못으로 만든 의자가 부서져서 재미있는 상황이 연출되었고, 그 사진을 올렸다. 다양한 각도에서 찍은 의자와 방문객들이 먹고 간 음료수 병, 포스터와 책 제본 방식을 목업으로 만든 사진들이 업로드 됐다.

8.11 [페이스북] 스케줄 업로드
크리스 로는 스케줄을 업로드했다. 일정은 8월에는 포스터와 관련된 디자인이, 9월에는 인터뷰가 진행되고, 포스터와 엽서를 프린트하고, 10월에는 각각의 원고 마감 및 번역작업이 이루어지고, 11월에는 최종 인쇄 파일을 넘겨, 12월 4일에는 마감한다.

8.12 [페이스북] 책의 콘셉트
크리스 로는 이전에 생각해본 책의 콘셉트가 적힌 파일을 업로드 했다. 젊은 건축가상 단행본의 키워드는 'Community', 'Platform', 'Conjunction', 'Engagement', 'Center', 'Hub'고 이를 통해 'Re-thinking People', 'Re-thinking Place', 'Re-thinking Connections'를 생각했다.

8.12 [페이스북] Built Unbuilt
크리스 로는 임근준 평론가와의 회의에서 나왔던 'Built', 'Unbuilt'에 대해 언급했다.

8.13 [회의] 박해천과 만남
박해천과 건축가들이 모여 주거에 관한 회의를 진행했다.
«이은경은 만리동 주택에 대한 이야기를 했고, SoA는 토끼집, 조진만 건축가는 층층마루보다는 앞으로 지어질 두레주택에 대한 이야기를 나누었다.»
«뚜렷하게 어떤 방향을 전하기 보다는, 현재 주거의 트랜드와 당향성, 정책들에 대한 논의가 이어지며 앞날의 험난함을 예견했다.»

8.13 [페이스북] 전시&도록 회의 사진
임선희는 홍대 앞 카페 콤마에서 진행한 전시 및 도록 회의의 사진들을 업로드했다.

— 계속

AUGUST

8 / 4
facebook

미팅확정

심영규는 필자와 건축가들과의 미팅을 준비했다. 그는 주제가 다르니만큼 각 주제별로 2회에 걸쳐 간단한 미팅이 필요하다고 말했다. 1차 임근준 미팅은 11일 화요일 10시 반, 2차 박해천은 13일 목요일 11시에 잡았다.

7.29 [페이스북] 제목 선정의 예시
심영규는 크리스 로 교수와 통화를 통해 제목을 정하고자 함. 심영규는 네 가지 제목을 제안 1)젊은 건축, 2)젊은 건축가, 3)젊은 건축가란 4)젊은 건축(가) 그러나 아무도 댓글을 달지 않음.

7.31 [이메일] 건축가(팀)의 포트폴리오 필자에게 전달
심영규는 메일을 통해 포트폴리오를 각 필자에게 전달 각각 주제로 아티클 1개, 자유형식(인터뷰, 리포트, 좌담회)의 원고를 요청, 구체적인 방향은 건축가들과의 미팅으로 이루어지며, 보낸 포트폴리오의 작업이 모두 원고의 대상이진 않는다고 필자에게 알림

8.10 [단톡방] 회의 재공지
심영규는 단체 카톡방을 통해서 회의의 시간과 장소를 재공지했다.
<1차 11일 화요일 10시 30분, 크리스로 교수 연구실 홍대 문헌관 1111호, 2차 13일 목요일 11시, 홍대입구역 3번출구 바로 앞 카페콤마로 모입니다>
그리고 건축가들에게 사전에 보내준 포트폴리오 파일 중 '대안주거'섹션과 '공공프로젝트'섹션에서 이번 책에 소개할 2-3개 프로젝트를 정해서 출력물로 가져올 것을 안내했다.

8.11. [회의] 임근준과의 만남
임근준과 건축가들이 모여 공공프로젝트에 관한 회의를 했다.
-'공공프로젝트'가 애매한 부분이 있다.
-지어지지 않았지만, 어떠한 특정한 공공성이나 새로운 장소에 개념을 부연하는 것을 모아 글을 쓰기로 함
-건축가들과의 인터뷰 후, 아티클과 자유형식에 관한 글을 작성하기로 함.
-인터뷰 일정 9월 5일: 이은경, 12일 : SoA, 19일 : 조진만

8.11 [페이스북] 아카이브 이미지 포스팅
크리스 로는 임근준 평론가와 건축가들의 회의에서 생긴 이미지를 포스팅했다. 당시 임근준 평론가가 앉아 있던 나무와 못으로 만든 의자가 부서져서 재미있는 상황이 연출되었고, 그 사진을 올렸다. 다양한 각도에서 찍은 의자와 방문객들이 먹고 간 음료수 병, 포스터와 책 제본 방식을 목업으로 만든 사진들이 업로드 됐다.

8.11 [페이스북] 스케줄 업로드
크리스 로는 스케줄을 업로드했다. 일정은 8월에는 포스터와 관련된 디자인이, 9월에는 인터뷰가 진행되고, 포스터와 엽서를 프린트하고, 10월에는 각각의 원고 마감 및 번역작업이 이루어지고, 11월에는 최종 인쇄 파일을 넘겨, 12월 4일에는 마감한다.

8.12 [페이스북] 책의 콘셉트
크리스 로는 이전에 생각해본 책의 콘셉트가 적힌 파일을 업로드 했다. 젊은 건축가상 단행본의 키워드는 'Community', 'Platform', 'Conjunction', 'Engagement', 'Center', 'Hub'고 이를 통해 'Re-thinking People', 'Re-thinking Place', 'Re-thinking Connections'를 생각했다.

8.12 [페이스북] Built Unbuilt
크리스 로는 임근준 평론가와의 회의에서 나왔던 'Built', 'Unbuilt'에 대해 언급했다.

8.13 [회의] 박해천과 만남
박해천과 건축가들이 모여 주거에 관한 회의를 진행했다.
«이은경은 만리동 주택에 대한 이야기를 했고, SoA는 토끼집, 조진만 건축가는 층층마루보다는 앞으로 지어질 두레주택에 대한 이야기를 나누었다.»
«뚜렷하게 어떤 방향을 전하기 보다는, 현재 주거의 트랜드와 방향성, 정책들에 대한 논의가 이어지며 앞날의 험난함을 예견했다.»

8.13 [페이스북] 전시&도록 회의 사진
임선희는 홍대 앞 카페 콤마에서 진행한 전시 및 도록 회의의 사진들을 업로드했다.

SETEMBER

9.8 [페이스북] 1차 인터뷰 일정
심영규는 휴가를 다녀온 후 1차로 진행되는 12일의 일정에 관해 언급했다. 12일 오전은 SoA 사무실에서 11시쯤, 2시반에 이은경 소장님 사무실에서 인터뷰를 진행하는 것을 제안했다.

9.8 [페이스북]2차 인터뷰 일정
공을채는 19일 진행되는 조진만의 인터뷰 일정에 대해 공지했다.

9.16 [문자] 필자 독촉
심영규는 박해천에게 원고 일정에 대한 공지를 하고, 원고를 독촉했다.

9.19 [페이스북] 조진만 인터뷰 사진
공을채는 조진만 건축가 사무실에서 임근준과 진행한 인터뷰 사진을 올렸다.

9.19 [페이스북] 이은경 사진
심영규가 늦은 인터뷰 사진을 올렸다. 아쉽게도 SoA의 사진은 없었지만, 새로 이사온 이은경 건축가의 한옥을 리모델링한 특색 있는 공간까지 엿볼 수 있다.

9.23 [회의] 다큐멘터리 회의
심영규와 공을채가 만나 다큐멘터리 부분에 대한 회의를 했다.
«공을채가 전적으로 맡아 기획»
«타임라인과 텍스트가 분리된 형태를 심영규가 제안»

OCTOBER

10.12 [회의] 박해천과 이은경, 조진만 주거에 대한 인터뷰
«이은경의 사무실에서 두 건축가와 박해천이 만남»
«주거 프로젝트에 관해 인터뷰 진행
- 어릴 적 살던 집이 건축에 많은 영향을 주는 것으로 보임»
«커뮤니티는 공공에 의해 만들어지기 어려움»
«건축주에게 가장 중요한 것은 방의 개수와 면적»

10/21 박해천 원고마감

— 계속

8 / 10
group chat

회의 재공지

그리고 건축가들에게 사전에 보내준 포트폴리오 파일 중 '대안주거' 섹션과 '공공프로젝트' 섹션에서 이번 책에 소개할 2~3개 프로젝트를 정해서 출력물로 가져올 것을 안내했다.

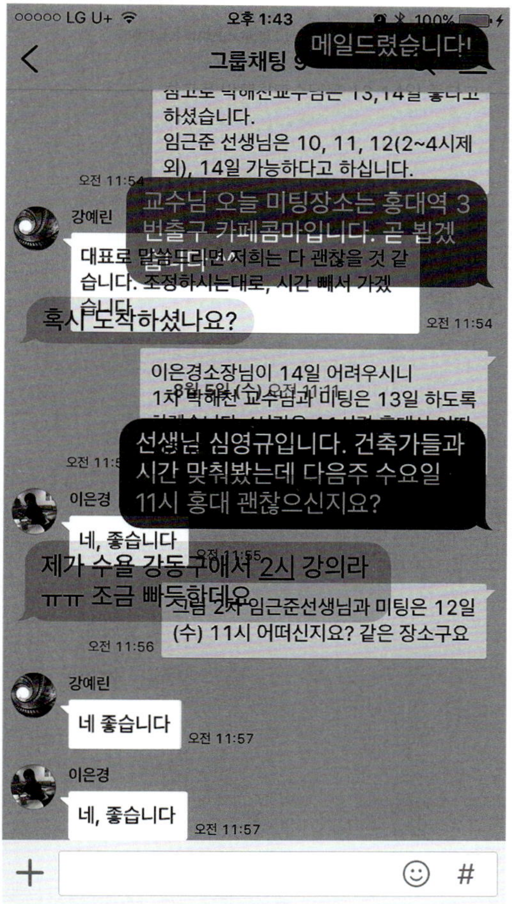

"1차 11일 화요일 10시 30분, 크리스 로 교수 연구실 홍대 문헌관 1111호, 2차 13일 목요일 11시, 홍대입구역 3번 출구 바로 앞 카페콤마로 모입니다."

8.11. [회의] 임근준과의 만남
임근준과 건축가들이 모여 공공프로젝트에 관한 회의를 했다.
-'공공프로젝트'가 애매한 부분이 있다.
-지어지지 않았지만, 어떠한 특정한 공공성이나 새로운 장소에 개념을 부연하는 것을 모아 글을 쓰기로 함
-건축가들과의 인터뷰 후, 아티클과 자유형식에 관한 글을 작성하기로 함.

-인터뷰 일정 **9**월 **5**일: 이은경, **12**일 : SoA, **19**일 : 조진만

8.11 [페이스북] 아카이브 이미지 포스팅
크리스 로는 임근준 평론가와 건축가들의 회의에서 생긴 이미지를 포스팅했다. 당시 임근준 평론가가 앉아 있던 나무와 못으로 만든 의자가 부셔져서 재미있는 상황이 연출되었고, 그 사진을 올렸다. 다양한 각도에서 찍은 의자와 방문객들이 먹고 간 음료수 병, 포스터와 책 제본 방식을 목업으로 만든 사진들이 업로드 됐다.

8.11 [페이스북] 스케줄 업로드
크리스 로는 스케줄을 업로드했다. 일정은 **8**월에는 포스터와 관련된 디자인이, **9**월에는 인터뷰가 진행되고, 포스터와 엽서를 프린트하고, **10**월에는 각각의 원고 마감 및 번역작업이 이루어지고, **11**월에는 최종 인쇄 파일을 넘겨, **12**월 **4**일에는 마감한다.

8.12 [페이스북] 책의 콘셉트
크리스 로는 이전에 생각해본 책의 콘셉트가 적힌 파일을 업로드 했다. 젊은 건축가상 단행본의 키워드는 'Community', 'Platform', 'Conjunction', 'Engagement', 'Center', 'Hub'고 이를 통해 'Re-thinking People', 'Re-thinking Place', 'Re-thinking Connections'를 생각했다.

8.12 [페이스북] Built Unbuilt
크리스 로는 임근준 평론가와의 회의에서 나왔던 'Built', 'Unbuilt'에 대해 언급했다.

8.13 [회의] 박해천과 만남
박해천과 건축가들이 모여 주거에 관한 회의를 진행했다.
«이은경은 만리동 주택에 대한 이야기를 했고, SoA는 토끼집, 조진만 건축가는 층층마루보다는 앞으로 지어질 두레주택에 대한 이야기를 나누었다.»
«뚜렷하게 어떤 방향을 전하기 보다는, 현재 주거의 트랜드와 방향성, 정책들에 대한 논의가 이어지며 앞날의 험난함을 예견했다.
»

8.13 [페이스북] 전시&도록 회의 사진
임선희는 홍대 앞 카페 콤마에서 진행한 전시 및 도록 회의의 사진들을 업로드했다.

SETEMBER

9.8 [페이스북] **1**차 인터뷰 일정
심영규는 휴가를 다녀온 후 **1**차로 진행되는 **12**일의 일정에 관해 언급했다. **12**일 오전은 SoA 사무실에서 **11**시쯤, **2**시반에 이은경 소장님 사무실에서 인터뷰를 진행하는 것을 제안했다.

9.8 [페이스북]**2**차 인터뷰 일정
공을채는 **19**일 진행되는 조진만의 인터뷰 일정에 대해 공지했다.

9.16 [문자] 필자 독촉
심영규는 박하천에게 원고 일정에 대한 공지를 하고, 원고를 독촉했다.

9.19 [페이스북] 조진만 인터뷰 사진
공을채는 조진만 건축가 사무실에서 임근준과 진행한 인터뷰 사진을 올렸다.

9.19 [페이스북] 이은경 사진
심영규가 늦은 인터뷰 사진을 올렸다. 아쉽게도 SoA의 사진은 없었지만, 새로 이사온 이은경 건축가의 한옥을 리모델링한 특색 있는 공간까지 엿볼 수 있다.

9.23 [회의] 다큐멘터리 회의
심영규와 공을채가 만나 다큐멘터리 부분에 대한 회의를 했다.

—— 계속

《1차 필자미팅》

2015/8/11

8 / 11

meeting

임근준과의 만남

임근준과 건축가들이 모여 공공프로젝트에 관한 회의를 했다.

—

"공공프로젝트가 애매한 부분이 있다"

—

지어지지 않았지만, 어떠한 특정한 공공성이나 새로운 장소에 개념을 부연하는 것을 모아 글을 쓰기로 함.

—

건축가들과의 인터뷰 후, 아티클과 자유형식에 관한 글을 작성하기로 함.

—

인터뷰 일정
9월 5일: 이은경,
12일 : SoA
19일 : 조진만

8 / 11

facebook

아카이브 이미지 포스팅

크리스 로는 임근준 평론가와 건축가들의 회의에서 생긴 이미지를 포스팅했다. 당시 임근준 평론가가 앉아 있던 나무와 못으로 만든 의자가 부서져서 재미있는 상황이 연출되었고, 그 사진을 올렸다. 다양한 각도에서 찍은 의자와 방문객들이 먹고 간 음료수 병, 포스터와 책 제본 방식을 목업으로 만든 사진들이 업로드 됐다.

—

8 / 11

facebook

스케줄 업로드

크리스 로는 스케줄을 업로드했다. 8월에는 포스터와 관련된 디자인이, 9월에는 인터뷰가 진행되고, 포스터와 엽서를 프린트하고, 10월에는 각각의 원고 마감 및 번역작업이 이루어지고, 11월에는 최종 인쇄 파일을 넘겨, 12월 4일에는 마감한다.

《부서진 의자》

《제본방식 목업》

《포스터 목업》

8 / 12

facebook

책의 콘셉트

크리스 로는 이전에 생각해본 책의 콘셉트가 적힌 파일을 업로드 했다. 젊은 건축가상 단행본의 키워드는 'Community', 'Platform', 'Conjunction', 'Engagement', 'Center', 'Hub'고 이를 통해 'Re-thinking People', 'Re-thinking Place', 'Re-thinking Connections'를 생각했다.

10/21 박해천 원고마감
10.22 [정보] 젊은 건축가와 대화 행사
문화서울역**284**에서 **50**여명이
모인가운데, 심영규의 사회로 박해천,
임근주가 질문을 하고 젊은건축가
세팀이 답변을 하는 방식으로 진행됐다.
10/26 임근준 원고마감
10/27 텍스트 정리, SPACE 번역관에서
영문으로 번역 시작
10/28 디자인 시작
10/27[회의] **1**차 디자인 미팅
크리스 로 연구실에서 대학원생들과
심영규가 만남
10/28[정보] 디자인 작업 시작
11/3[정보] 데이터 전송
디자인에 필요한 건축가 데이터 및 원고
자료 전달
11/9[정보] **2**차 데이터 전송
다큐멘터리 부분 데이터 자료 전달
11/13[정보] **1**교 교정지 전달
원고와 건축가 자료가 디자인 된
교정지를 심영규에게 PDF로 전달

— 계속

—

8 / 12

facebook

Built Unbuilt

크리스 로는 임근준과 회의에서 나왔던 'Built', 'Unbuilt'에 대해 언급했다.

8.13 [페이스북] 전시&도록 회의 사진
임선희는 홍대 앞 카페 콤마에서
진행한 전시 및 도록 회의의 사진들을
업로드했다.
9.8 [페이스북] **1**차 인터뷰 일정
심영규는 휴가를 다녀온 후 **1**차로
진행되는 **12**일의 일정에 관해 언급했다.
12일 오전은 SoA 사무실에서 **11**시쯤,
2시반에 이은경 소장님 사무실에서
인터뷰를 진행하는 것을 제안했다.
9.8 [페이스북]**2**차 인터뷰 일정
공을채는 **19**일 진행되는 조진만의
인터뷰 일정에 대해 공지했다.
9.16 [문자] 필자 독촉
심영규는 박해천에게 원고 일정에 대한
공지를 하고, 원고를 독촉했다.
9.19 [페이스북] 조진만 인터뷰 사진
공을채는 조진만 건축가 사무실에서
임근준과 진행한 인터뷰 사진을 올렸다.
9.19 [페이스북] 이은경 사진
심영규가 늦은 인터뷰 사진을 올렸다.
아쉽게도 SoA의 사진은 없었지만,
새로 이사온 이은경 건축가의 한옥을
리모델링한 특색 있는 공간까지 엿볼
수 있다.
9.23 [회의] 다큐멘터리 회의
심영규와 공을채가 만나 다큐멘터리
부분에 대한 회의를 했다.
공을채가 전적으로 맡아 기획
타임라인과 텍스트가 분리된 형태를
심영규가 제안
10.12 [회의] 박해천과 이은경, 조진만
주거에 대한 인터뷰
- 이은경의 사무실에서 두건축가와
- 박해천이 만남
- 주거 프로젝트에 관해 인터뷰 진행
- 어릴 적 살던 집이 건축에 많은 영향을 주는 것으로 보임
- 커뮤니티는 공공에 의해 만들어지기 어려움
- 건축주에게 가장 중요한 것은 방의 개수와 면적

—

8 / 13

meeting

박해천과 만남

이은경은 만리동 공공주택에 대한 이야기를 했고, 에스오에이는 토끼집을 이야기했다. 조진만은 층층마루집보다는 앞으로 지어질 두레주택에 대한 이야기를 나누었다.

—

뚜렷하게 어떤 방향을 전하기 보다는, 현재 주거의 트랜드와 방향성, 정책들에 대한 논의가 이어지며 앞날의 험난함을 예견했다.

2015/8/13

《2차 필자미팅, 전시회의》

—

8.13

facebook

전시&도록 회의 사진

임선희는 홍대 앞 카페 콤마에서 진행한 전시 및 도록 회의의 사진들을 업로드했다.

SEPTEMBER

9 / 8
facebook
1차 인터뷰 일정

심영규는 휴가를 다녀온 후 1차로 진행되는 12일 인터뷰 일정에 관해 언급했다. 12일 오전은 에스오에이 사무실에서 11시쯤, 2시반에 이은경 사무실에서 인터뷰를 진행하는 것을 제안했다.

9.8 [페이스북] **2**차 인터뷰 일정
공을채는 **19**일 진행되는 조진만의 인터뷰 일정에 대해 공지했다.

9.16 [문자] 필자 독촉
심영규는 박해천에게 원고 일정에 대한 공지를 하고, 원고를 독촉했다.

9.19 [페이스북] 조진만 인터뷰 사진
공을채는 조진만 건축가 사무실에서 임근준과 진행한 인터뷰 사진을 올렸다.

9.19 [페이스북] 이은경 사진
심영규가 늦은 인터뷰 사진을 올렸다. 아쉽게도 SoA의 사진은 없었지만, 새로 이사온 이은경 건축가의 한옥을 리모델링한 특색 있는 공간까지 엿볼 수 있다.

9.23 [회의] 다큐멘터리 회의
심영규와 공을채가 만나 다큐멘터리 부분에 대한 회의를 했다.
공을채가 전적으로 맡아 기획
타임라인과 텍스트가 분리된 형태를 심영규가 제안

10.12 [회의] 박해천과 이은경, 조진만 주거에 대한 인터뷰
- 이은경의 사무실에서 두건축가와
- 박해천이 만남
- 주거 프로젝트에 관해 인터뷰 진행
- 어릴 적 살던 집이 건축에 많은 영향을 주는 것으로 보임
- 커뮤니티는 공공에 의해 만들어지기 어려움
- 건축주에게 가장 중요한 것은 방의 개수와 면적

10/21 박해천 원고마감

10.22 [정보] 젊은 건축가와 대화 행사
문화서울역**284**에서 **50**여명이 모인가운데, 심영규의 사회로 박해천, 임근주가 질문을 하고 젊은건축가 세팀이 답변을 하는 방식으로 진행됐다.

10/26 임근준 원고마감

10/27 텍스트 정리, SPACE 번역관에서 영문으로 번역 시작

10/28 디자인 시작

10/27[회의] **1**차 디자인 미팅
크리스 로 연구실에서 대학원생들과 심영규가 만남

10/28[정보] 디자인 작업 시작

11/3[정보] 데이터 전송
디자인에 필요한 건축가 데이터 및 원고 자료 전달

11/9[정보] **2**차 데이터 전송
다큐멘터리 부분 데이터 자료 전달

11/13[정보] **1**교 교정지 전달
원고와 건축가 자료가 디자인 된 교정지를 심영규에게 PDF로 전달

11/17[회의] **2**차 디자인 회의
크리스 로 연구실에서 공을채와 심영규가 만남

11/17 [정보] 필자 마지막 원고 마감

11/21 3차 디자인 회의
세 건축가(팀)과 크리스 로, 심영규가 **3**차 디자인 회의 진행

11/24[정보] 인쇄소에 데이터 전달

12/4[정보] 젊은 건축가상 발간 및 출판 기념회

<1차 11일 화요일 10시 30분, 크리스로 교수 연구실 홍대 문헌관 1111호, 2차 13일 목요일 11시, 홍대입구역 3번출구 바로 앞 카페콤마로 모입니다> 그리고 건축가들에게 사전에 보내준 포트폴리오 파일 중 '대안주거'섹션과 '공공프로젝트'섹션에서 이번 책에 소개할 2~3개 프로젝트를 정해서 출력물로 가져올 것을 안내했다.

8.11. [회의] 임근준과의 만남
임근준과 건축가들이 모여 공공프로젝트에 관한 회의를 했다.
-'공공프로젝트'가 애매한 부분이 있다.
-지어지지 않았지만, 어떠한 특정한 공공성이나 새로운 장소에 개념을 부연하는 것을 모아 글을 쓰기로 함
-건축가들과의 인터뷰 후, 아티클과 자유형식에 관한 글을 작성하기로 함.
-인터뷰 일정 9월 5일: 이은경, 12일 : SoA, 19일 : 조진만

8.11 [페이스북] 아카이브 이미지 포스팅
크리스 로는 임근준 평론가와 건축가들의 회의에서 생긴 이미지를 포스팅했다. 당시 임근준 평론가가 앉아 있던 나무와 못으로 만든 의자가 부셔져서 재미있는 상황이 연출되었고, 그 사진을 올렸다. 다양한 각도에서 찍은 의자와 방문객들이 먹고 간 음료수 병, 포스터와 책 제본 방식을 목업으로 만든 사진들이 업로드 됐다.

8.11 [페이스북] 스케줄 업로드
크리스 로는 스케줄을 업로드했다. 일정은 8월에는 포스터와 관련된 디자인이, 9월에는 인터뷰가 진행되고, 포스터와 엽서를 프린트하고, 10월에는 각각의 원고 마감 및 번역작업이 이루어지고, 11월에는 최종 인쇄 파일을 넘겨, 12월 4일에는 마감한다.

8.12 [페이스북] 책의 콘셉트
크리스 로는 이전에 생각해본 책의 콘셉트가 적힌 파일을 업로드 했다. 젊은 건축가상 단행본의 키워드는 'Community', 'Platform', 'Conjunction', 'Engagement', 'Center', 'Hub'고 이를 통해 'Re-thinking People', 'Re-thinking Place', 'Re-thinking Connections'를 생각했다.

8.12 [페이스북] Built Unbuilt
크리스 로는 임근준 평론가와의 회의에서 나왔던 'Built', 'Unbuilt'에 대해 언급했다.

8.13 [회의] 박해천과 만남
박해천과 건축가들이 모여 주거에 관한 회의를 진행했다.
«이은경은 만리동 주택에 대한 이야기를 했고, SoA는 토끼집, 조진만 건축가는 층층마루보다는 앞으로 지어질 두레주택에 대한 이야기를 나누었다.»
«뚜렷하게 어떤 방향을 전하기 보다는, 현재 주거의 트랜드와 방향성, 정책들에 대한 논의가 이어지며 앞날의 험난함을 예견했다.»

8.13 [페이스북] 전시&도록 회의 사진
임선희는 홍대 앞 카페 콤마에서 진행한 전시 및 도록 회의의 사진들을 업로드했다.

SETEMBER

9.8 [페이스북] 1차 인터뷰 일정
심영규는 휴가를 다녀온 후 1차로 진행되는 12일의 일정에 관해 언급했다. 12일 오전은 SoA 사무실에서 11시쯤, 2시반에 이은경 소장님 사무실에서 인터뷰를 진행하는 것을 제안했다.

9 / 8
facebook
2차 인터뷰 일정

공을채는 19일 진행되는 조진만의 인터뷰 일정에 대해 공지했다.

—

9 / 16
text message
필자 독촉

심영규는 박해천에게 원고 일정에 대한 공지를 하고, 원고를 독촉했다.

9.16 [문자] 필자 독촉
심영규는 박해천에게 원고 일정에 대한 공지를 하고, 원고를 독촉했다.

9.19 [페이스북] 조진만 인터뷰 사진
공을채는 조진만 건축가 사무실에서 임근준과 진행한 인터뷰 사진을 올렸다.

9.19 [페이스북] 이은경 사진
심영규가 늦은 인터뷰 사진을 올렸다. 아쉽게도 SoA의 사진은 없었지만, 새로 이사온 이은경 건축가의 한옥을 리모델링한 특색 있는 공간까지 엿볼 수 있다.

9.23 [회의] 다큐멘터리 회의
심영규와 공을채가 만나 다큐멘터리 부분에 대한 회의를 했다.
공을채가 전적으로 맡아 기획
타임라인과 텍스트가 분리된 형태를 심영규가 제안

10.12 [회의] 박해천과 이은경, 조진만 주거에 대한 인터뷰
- 이은경의 사무실에서 두 건축가와
- 박해천과 만남
- 주거 프로젝트에 관해 인터뷰 진행
- 어릴 적 살던 집이 건축에 많은 영향을 주는 것으로 보임
- 커뮤니티는 공공에 의해 만들어지기 어려움
- 건축주에게 가장 중요한 것은 방의 개수와 면적

10/21 박해천 원고마감

10.22 [정보] 젊은 건축가와 대화 행사

—— 계속

2015/9/12

«이은경 인터뷰»

9 / 19

facebook

이은경 인터뷰 사진

심영규가 12일 진행된 인터뷰 사진을 올렸다. 아쉽게도 에스오에이의 사진은 없었지만, 새로 이사온 이은경 건축가의 한옥을 리모델링한 특색 있는 공간까지 엿볼 수 있다.

2015/9/19

《조진만 인터뷰》

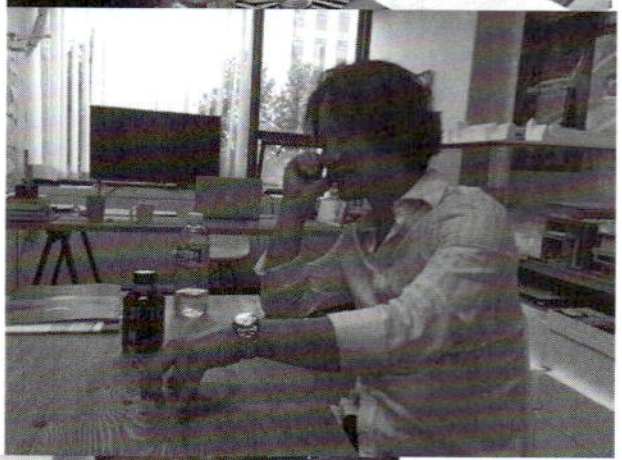

9 / 19

facebook

조진만 인터뷰 사진

공을채는 조진만 사무실에서 임근준과 진행한 인터뷰 사진을 올렸다.

9 / 23

facebook

다큐멘터리 회의

심영규와 공을채가 만나 다큐멘터리 부분에 대한 회의를 했다.

—

공을채가 전적으로 맡아 기획

—

타임라인과 텍스트가 분리된 형태를 제안

October

10.12 [회의] 박해천과 이은경, 조진만 주거에 대한 인터뷰
- 이은경의 사무실에서 이은경과 조진만이 박해천이 만남
- 주거 프로젝트에 관해 인터뷰 진행
- 어릴 적 살던 집이 건축에 많은 영향을 주는 것으로 보임
- 커뮤니티는 공공에 의해 만들어지기 어려움
- 건축주에게 가장 중요한 것은 방의 개수와 면적

10/21 박해천 원고마감

10.22 [정보] 젊은 건축가와 대화 행사
문화서울역284에서 50여명이 모인가운데, 심영규의 사회로 박해천, 임근주가 질문을 하고 젊은건축가 세팀이 답변을 하는 방식으로 진행됐다.

10/27 텍스트 정리, SPACE 번역관에서 영문으로 번역 시작

10/28 디자인 시작

10/27[회의] **1차 디자인 미팅**
크리스 로 연구실에서 대학원생들과 심영규가 만남

10/28[정보] 디자인 작업 시작

November

11/3[정보] 데이터 전송
디자인에 필요한 건축가 데이터 및 원고 자료 전달

11/9[정보] **2차** 데이터 전송
다큐멘터리 부분 데이터 자료 전달

11/13[정보] **1교** 교정지 전달
원고와 건축가 자료가 디자인 된 교정지를 심영규에게 PDF로 전달

11/17[회의] **2차** 디자인 회의
크리스 로 연구실에서 공을채와 심영규가 만남

11 / 17[정보] 임근준 마지막 원고 마감

11/21[회의] **3차** 디자인 회의
세 건축가(팀)과 크리스 로, 심영규가 3차 디자인 회의 진행

11/24[정보] 인쇄소에 데이터 전달

December

12/4[정보] 젊은 건축가상 발간 및 출판 기념회

10/21 박해천 원고마감
10.22 [정보] 젊은 건축가와 대화 행사
문화서울역**284**에서 **50**여명이 모인가운데, 심영규의
사회로 박해천, 임근주가 질문을 하고 젊은건축가
세팀이 답변을 하는 방식으로 진행됐다.
10/26 임근준 원고마감
10/27 텍스트 정리,
SPACE 번역관에서 영문으로 번역 시작
10/28 디자인 시작
10/27[회의] **1**차 디자인 미팅
크리스 로 연구실에서 대학원생들과 심영규가 만남
10/28[정보] 디자인 작업 시작
11/3[정보] 데이터 전송
디자인에 필요한 건축가 데이터 및
원고 자료 전달
11/9[정보] **2**차 데이터 전송
다큐멘터리 부분 데이터 자료 전달
11/13[정보] **1**교 교정지 전달
원고와 건축가 자료가 디자인 된
교정지를 심영규에게 PDF로 전달
11/17[회의] **2**차 디자인 회의
크리스 로 연구실에서 공을채와
심영규가 만남
11/17 [정보] 필자 마지막 원고 마감
11/21[회의] **3**차 디자인 회의
세 건축가(팀)과 크리스 로,
심영규가 **3**차 디자인 회의 진행
11/24[정보] 인쇄소에 데이터 전달
12/4[정보] 젊은 건축가상 발간 및 출판
기념회

OCTOBER

10 / 12

meeting

박해천과 이은경, 조진만 주거에 대한 인터뷰

이은경의 사무실에서 이은경과 조진만이 박해천을 만남

—

주거 프로젝트에 관해 인터뷰 진행

—

어릴 적 살던 집이 건축에 많은 영향을 주는 것으로 보임

—

커뮤니티는 공공에 의해 만들어지기 어려움

—

건축주에게 가장 중요한 것은 방의 개수와 면적

2015/10/12

《박해천과 이은정, 조진만 주거에 대한 인터뷰》

2015/01/09.21

《젊은 건축가상 시상식》

8.12 [페이스북] Built Unbuilt
크리스 로는 임근준 평론가와의 회의에서 나왔던 'Built', 'Unbuilt'에 대해 언급했다.

8.13 [회의] 박해천과 만남
박해천과 건축가들이 모여 주거에 관한 회의를 진행했다.
이은경은 만리동 주택에 대한 이야기를 했고, SoA는 토끼집, 조진만 건축가는 층층마루보다는 앞으로 지어질 두레주택에 대한 이야기를 나누었다.
뚜렷하게 어떤 방향을 전하기 보다는, 현재 주거의 트랜드와 방향성, 정책들에 대한 논의가 이어지며 앞날의 험난함을 예견했다.

8.13 [페이스북] 전시&도록 회의 사진
임선희는 홍대 앞 카페 콤마에서 진행한 전시 및 도록 회의의 사진들을 업로드했다.

9.8 [페이스북]1차 인터뷰 일정
심영규는 휴가를 다녀온 후 1차로 진행되는 12일의 일정에 관해 언급했다.
12일 오전은 SoA 사무실에서 11시쯤, 2시반에 이은경 소장님 사무실에서 인터뷰를 진행하는 것을 제안했다.

9.8 [페이스북]2차 인터뷰 일정
공을채는 19일 진행되는 조진만의 인터뷰 일정에 대해 공지했다.

9.16 [문자] 필자 독촉
심영규는 박해천에게 원고 일정에 대한 공지를 하고, 원고를 독촉했다.

9.19 [페이스북] 조진만 인터뷰 사진
공을채는 조진만 건축가 사무실에서 임근준과 진행한 인터뷰 사진을 올렸다.

9.19 [페이스북] 이은경 사진
심영규가 늦은 인터뷰 사진을 올렸다.
아쉽게도 SoA의 사진은 없었지만, 새로 이사온 이은경 건축가의 한옥을 리모델링한 특색 있는 공간까지 엿볼 수 있다.

9.23 [회의] 다큐멘터리 회의
심영규와 공을채가 만나 다큐멘터리 부분에 대한 회의를 했다.
공을채가 전적으로 맡아 기획
타임라인과 텍스트가 분리된 형태를 심영규가 제안

October

10.12 [회의] 박해천과 이은경, 조진만
주거에 대한 인터뷰
- 이은경의 사무실에서 이은경과 조진만이 박해천이 만남
- 주거 프로젝트에 관해 인터뷰 진행
- 어릴 적 살던 집이 건축에 많은 영향을 주는 것으로 보임
- 커뮤니티는 공공에 의해 만들어지기 어려움
- 건축주에게 가장 중요한 것은 방의 개수와 면적

10 / 21

information

박해천 1차 원고마감

—

10 / 21

information

젊은 건축가상 시상식

2015 대한민국 건축문화제에서 젊은 건축가상 시상식 진행

—

10 / 22

information

젊은 건축가와 대화 행사

문화서울역284에서 50여명이 모인 가운데, 심영규의 사회로 박해천, 임근준이 질문을 하고 젊은건축가 세 팀이 답변을 하는 방식으로 진행됐다.

November

11/3[정보] 데이터 전송
디자인에 필요한 건축가 데이터 및 원고 자료 전달

11/9[정보] 2차 데이터 전송
다큐멘터리 부분 데이터 자료 전달

11/13[정보] 1교 교정지 전달
원고와 건축가 자료가 디자인 된 교정지를 심영규에게 PDF로 전달

11/17[회의] 2차 디자인 회의
크리스 로 연구실에서 공을채와 심영규가 만남

11 / 17[정보] 임근준 마지막 원고 마감

11/21[회의] 3차 디자인 회의
세 건축가(팀)과 크리스 로, 심영규가 3차 디자인 회의 진행

11/24[정보] 인쇄소에 데이터 전달

December

12/4[정보] 젊은 건축가상 발간 및 출판 기념회

—

10 / 27

meeting

1차 디자인 미팅

크리스로 연구실에서 대학원생들과 심영규가 만남

2015/10.22

《젊은 건축가와 대화 행사》

8.11 [페이스북] 스케줄 업로드
크리스 로는 스케줄을 업로드했다.
일정은 **8**월에는 포스터와 관련된
디자인이, **9**월에는 인터뷰가 진행되고,
포스터와 엽서를 프린트하고,
10월에는 각각의 원고 마감 및
번역작업이 이루어지고, **11**월에는 최종
인쇄 파일을 넘겨,
12월 **4**일에는 마감한다.
8.12 [페이스북] Built Unbuilt
크리스 로는 임근준 평론가와의
회의에서 나왔던 'Built', 'Unbuilt'에
대해 언급했다.

8.13 [회의] 박해천과 만남
박해천과 건축가들이 모여 주거에 관한
회의를 진행했다.
이은경은 만리동 주택에 대한 이야기를
했고, SoA는 토끼집, 조진만 건축가는
층층마루보다는 앞으로 지어질
두레주택에 대한 이야기를 나누었다.
뚜렷하게 어떤 방향을 전하기 보다는,
현재 주거의 트랜드와 방향성, 정책들에
대한 논의가 이어지며 앞날의 험난함을
예견했다.
8.13 [페이스북] 전시&도록 회의 사진
임선희는 홍대 앞 카페 콤마에서
진행한 전시 및 도록 회의의 사진들을
업로드했다.
9.8 [페이스북] **1**차 인터뷰 일정
심영규는 휴가를 다녀온 후 **1**차로
진행되는 **12**일의 일정에 관해 언급했다.
12일 오전은 SoA 사무실에서 **11**시쯤,
2시반에 이은경 소장님 사무실에서
인터뷰를 진행하는 것을 제안했다.
9.8 [페이스북]**2**차 인터뷰 일정
공을채는 **19**일 진행되는 조진만의
인터뷰 일정에 대해 공지했다.

9.16 [문자] 필자 독촉
심영규는 박해천에게 원고
일정에 대한 공지를 하고,
원고를 독촉했다.
9.19 [페이스북] 조진만 인터뷰 사진
공을채는 조진만 건축가 사무실에서
임근준과 진행한 인터뷰 사진을 올렸다.
9.19 [페이스북] 이은경 사진
심영규가 늦은 인터뷰 사진을 올렸다.
아쉽게도 SoA의 사진은 없었지만,
새로 이사온 이은경 건축가의
한옥을 리모델링한 특색 있는
공간까지 엿볼 수 있다.

9.23 [회의] 다큐멘터리 회의
심영규와 공을채가 만나 다큐멘터리
부분에 대한 회의를 했다.
공을채가 전적으로 맡아 기획
타임라인과 텍스트가 분리된 형태를
심영규가 제안

October

10.12 [회의] 박해천과 이은경, 조진만
주거에 대한 인터뷰
- 이은경의 사무실에서 이은경과
조진만이 박해천이 만남
- 주거 프로젝트에 관해
인터뷰 진행
- 어릴 적 살던 집이 건축에 많은 영향을
주는 것으로 보임
- 커뮤니티는 공공에 의해 만들어지기
어려움
- 건축주에게 가장 중요한 것은 방의
개수와 면적
10/21 박해천 원고마감
10.22 [정보] 젊은 건축가와 대화 행사
문화서울역**284**에서 **50**여명이
모인가운데, 심영규의 사회로 박해천,
임근주가 질문을 하고 젊은건축가
세팀이 답변을 하는 방식으로
진행됐다.

10 / 27

information

텍스트 정리, SPACE(공간) 번역관에서 영문으로 번역 시작

—

10 / 28

information

디자인 작업 시작

November

11/3[정보] 데이터 전송
디자인에 필요한 건축가 데이터 및
원고 자료 전달
11/9[정보] **2**차 데이터 전송
다큐멘터리 부분 데이터 자료 전달
11/13[정보] **1**교 교정지 전달
원고와 건축가 자료가 디자인 된
교정지를 심영규에게 PDF로 전달
11/17[회의] **2**차 디자인 회의
크리스 로 연구실에서 공을채와
심영규가 만남
11 / 17[정보] 임근준 마지막 원고 마감
11/21[회의] **3**차 디자인 회의
세 건축가(팀)과 크리스 로, 심영규가
3차 디자인 회의 진행
11/24[정보] 인쇄소에 데이터 전달

December

12/4[정보] 젊은 건축가상 발간 및
출판 기념회

NOVEMBER

8.12 [페이스북] Built Unbuilt
크리스 로는 임근준 평론가와의 회의에서 나왔던 'Built', 'Unbuilt'에 대해 언급했다.
8.13 [회의] 박해천과 만남
박해천과 건축가들이 모여 주거에 관한 회의를 진행했다.
이은경은 만리동 주택에 대한 이야기를 했고, SoA는 토끼집, 조진만 건축가는 층층마루보다는 앞으로 지어질 두레주택에 대한 이야기를 나누었다. 뚜렷하게 어떤 방향을 전하기 보다는, 현재 주거의 트랜드와 방향성, 정책들에 대한 논의가 이어지며 앞날의 험난함을 예견했다.
8.13 [페이스북] 전시&도록 회의 사진
임선희는 홍대 앞 카페 콤마에서 진행한 전시 및 도록 회의의 사진들을 업로드했다.
9.8 [페이스북] 1차 인터뷰 일정
심영규는 휴가를 다녀온 후 1차로 진행되는 12일의 일정에 관해 언급했다. 12일 오전은 SoA 사무실에서 11시쯤, 2시반에 이은경 소장님 사무실에서 인터뷰를 진행하는 것을 제안했다.
9.8 [페이스북] 2차 인터뷰 일정
공을채는 19일 진행되는 조진만의 인터뷰 일정에 대해 공지했다.

9.16 [문자] 필자 독촉
심영규는 박해천에게 원고 일정에 대한 공지를 하고, 원고를 독촉했다.
9.19 [페이스북] 조진만 인터뷰 사진
공을채는 조진만 건축가 사무실에서 임근준과 진행한 인터뷰 사진을 올렸다.
9.19 [페이스북] 이은경 사진
심영규가 늦은 인터뷰 사진을 올렸다. 아쉽게도 SoA의 사진은 없었지만, 새로 이사온 이은경 건축가의 한옥을 리모델링한 특색 있는 공간까지 엿볼 수 있다.

심영규와 공을채가 만나 다큐멘터리 부분에 대한 회의를 했다. 공을채가 전적으로 맡아 기획 타임라인과 텍스트가 분리된 형태를 심영규가 제안

October

10.12 [회의] 박해천과 이은경, 조진만 주거에 대한 인터뷰
- 이은경의 사무실에서 이은경과 조진만이 박해천이 만남
- 주거 프로젝트에 관해 인터뷰 진행
- 어릴 적 살던 집이 건축에 많은 영향을 주는 것으로 보임
- 커뮤니티는 공공에 의해 만들어지기 어려움
- 건축주에게 가장 중요한 것은 방의 개수와 면적

10/21 박해천 원고마감
10.22 [정보] 젊은 건축가와 대화 행사
문화서울역284에서 50여명이 모인가운데, 심영규의 사회로 박해천, 임근주가 질문을 하고 젊은건축가 세팀이 답변을 하는 방식으로 진행됐다.

November

11/17[회의] 2차 디자인 회의
크리스 로 연구실에서 공을채와 심영규가 만남
11 / 17[정보] 임근준 마지막 원고 마감
11/21[회의] 3차 디자인 회의
세 건축가(팀)과 크리스 로, 심영규가 3차 디자인 회의 진행
11/24[정보] 인쇄소에 데이터 전달

December

12/4[정보] 젊은 건축가상 발간 및 출판 기념회

11 / 3
information
데이터 전송

디자인에 필요한 건축가 데이터 및 원고 자료 전달

—

11 / 9
information
2차 데이터 전송

다큐멘터리 부분 데이터 자료 전달

—

11 / 13
information
1교 교정지 전달

원고와 건축가 자료가 디자인 된 교정지를 심영규에게 PDF로 전달

2015/11/21

《3차 디자인 회의》

9.19 [페이스북] 이은경 사진
심영규가 늦은 인터뷰 사진을 올렸다. 아쉽게도 SoA의 사진은 없었지만, 새로 이사온 이은경 건축가의 한옥을 리모델링한 특색 있는 공간까지 엿볼 수 있다.
9.23 [회의] 다큐멘터리 회의
심영규와 공을채가 만나 다큐멘터리 부분에 대한 회의를 했다. 공을채가 전적으로 맡아 기획. 타임라인과 텍스트가 분리된 형태를 심영규가 제안
10.12 [회의] 박해천과 이은경, 조진만 주거에 대한 인터뷰
- 이은경의 사무실에서 두건축가와
- 박해천이 만남
- 주거 프로젝트에 관해 인터뷰 진행
- 어릴 적 살던 집이 건축에 많은 영향을 주는 것으로 보임
- 커뮤니티는 공공에 의해 만들어지기 어려움
- 건축주에게 가장 중요한 것은 방의 개수와 면적

10/21 박해천 원고마감
10.22 [정보] 젊은 건축가와 대화 행사
문화서울역284에서 50여명이 모인가운데, 심영규의 사회로 박해천, 임근주가 질문을 하고 젊은건축가 세팀이 답변을 하는 방식으로 진행됐다.
10/26 임근준 원고마감
10/27 텍스트 정리, SPACE 번역관에서 영문으로 번역 시작
10/28 디자인 시작
10/27[회의] 1차 디자인 미팅
크리스 로 연구실에서 대학원생들과 심영규가 만남
10/28[정보] 디자인 작업 시작
11/3[정보] 데이터 전송
디자인에 필요한 건축가 데이터 및 원고 자료 전달
11/9[정보] 2차 데이터 전송
다큐멘터리 부분 데이터 자료 전달
11/13[정보] 1교 교정지 전달
원고와 건축가 자료가 디자인 된 교정지를 심영규에게 PDF로 전달

—

11 / 17

information

임근준 마지막 원고 마감

—

11 / 17

meeting

2차 디자인 회의

크리스로 연구실에서 공을채와 심영규가 만남

—

11 / 21

meeting

3차 디자인 회의

세 건축가(팀)과 크리스로, 심영규가 3차 디자인 회의 진행

—

11 / 24

information

인쇄소에 데이터 전달

DECEMBER

12 / 4

information

『젊은 건축가상』 발간 및 출판 기념회

미색의 기울어진 벽돌 매스 두 개가 토끼의 귀처럼 솟아 있다. 단독주택 두 채가 나란히 공중에 올려져 있는 모습이다. 옆으로 붙어 있는 주거 유닛의 가운데를 일조사선의 각도로 벌려서 만든 발코니 때문이다. 토끼집은 민간 개발사인 새동네 연구소의 두 번째 집이다. — 2, 3층에는 단층형 주거 타입을 넣었다. 집 사이의 공유공간이 아닌 내부 공유공간에 신경을 썼다. 발코니-거실-부엌의 길이가 9m인 공용공간을 두고, 양쪽에 방을 두었다. 자기 방쪽의 공용공간을 조금 더 전유하는 느낌이 들 수 있다. 발코니는 1층의 마당을 향한다. 이 마당을 남쪽에 있는 앞집과 공유한다. 생각해 보면, 주거지의 밀도는 숫자의 공학을 넘어서 모여 살기의 조건을 만들어 준다는 점에서 중요하다. 아마 도시의 밀도와 삶의 밀도는 별개의 문제라고 말하고 싶은 순간에 건축이 있을 것이다.

Two slanting colourless brick masses stand erect like a pair of rabbit ears. The sight is not dissimilar to two single houses lying side by side, built up into the air. This is due to the balcony that has been placed between the two, at an angle corresponding to the diagonal line of sunlight between the two residential units. The Rabbit is the second project of Glint, a private sector developer. — Single floor housing has been inserted into the second and third floors. Here, the internal common space has been focused upon, rather than the common space between the two homes. A balcony, living room and kitchen lie across the common space of 9m, with rooms at either side. Residents may feel more attached to the common spaces closer to their rooms. The balcony faces the garden on the first floor. This garden is shared with the opposite building to the south. — Ultimately, the density of a house is much more than an engineering of numbers: it is more important to create conditions that are optimal for living together. It could be possible to say that architecture lies at the moment when one wishes to declare that the density of the city and the density of life are separate issues.

설계 건축사사무소 에스오에이(이치훈, 강예린) 설계담당 이혜원, 김성아, 구선주
위치 서울시 서대문구 남가좌동 330-28 용도 공동주택 대지면적 138.2m2 건축면적 67.69m2
연면적 224.84m2 규모 지상 4층 높이 15.67m 주차 4대 대 건폐율 48.98% 용적률 162.55%
구조 철근콘크리트조 외부마감 벽돌, 스타코 내부마감 페인트, 벽지 구조설계 터구조 시공 유비건설
기계설계 (주)주성엠이씨기술사사무소 전기설계 (주)한길엔지니어링 설계기간 2014.1. ~ 5.
시공기간 2014.6. ~ 12. 공사비 3.9억 원 건축주 (주)글린트

ARCHITECT Society of Architecture (Lee Chihoon, Kang Yerin)
DESIGN TEAM Lee Hyaewon, Kim Sunga, Goo Sunjoo LOCATION 330-28 Namgajoa-dong, Seodaemun-gu, Seoul, Korea PROGRAMME multi-family housing
SITE AREA 138.2m² BUILDING AREA 67.69m² GROSS FLOOR AREA 224.84m²
BUILDING SCOPE 4F HEIGHT 15.67m PARKING 4 BUILDING TO LAND RATIO 48.98%
FLOOR AREA RATIO 162.55% STRUCTURE RC EXTERIOR FINISHING brick, stucco
INTERIOR FINISHING paint, wall paper STRUCTURAL ENGINEER Thekujo
CONSTRUCTION UB construction MECHANICAL ENGINEER Ju-Sung MEC
ELECTRICAL ENGINEER Hangil Engineering DESIGN PERIOD Jan. – May 2014
CONSTRUCTION PERIOD June – Dec. 2014 COST 390 million KRW CLIENT Glint

발코니는 1층의 마당을 향한다. 이 마당을 남쪽에 있는 앞집과 공유한다. 앞집은 같은 주거 프로그램으로 지어진 1호다.

The balcony faces the garden on the first floor. This garden is shared with the opposite building to the south. This building was a precursor to the residential series.

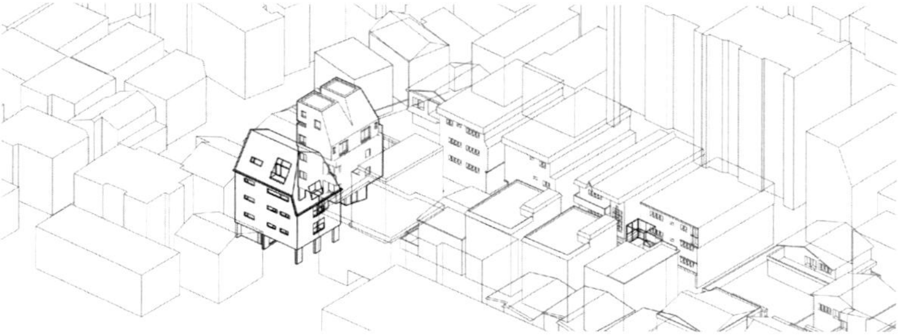

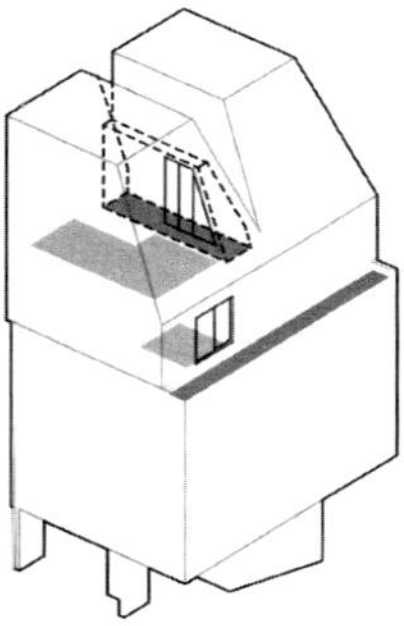

402. In-between terrace

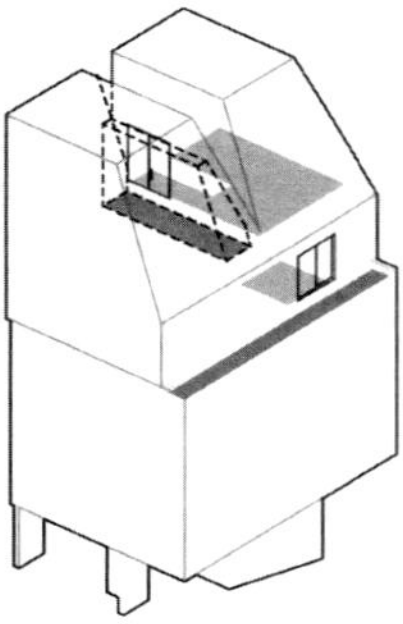

401. In-between terrace

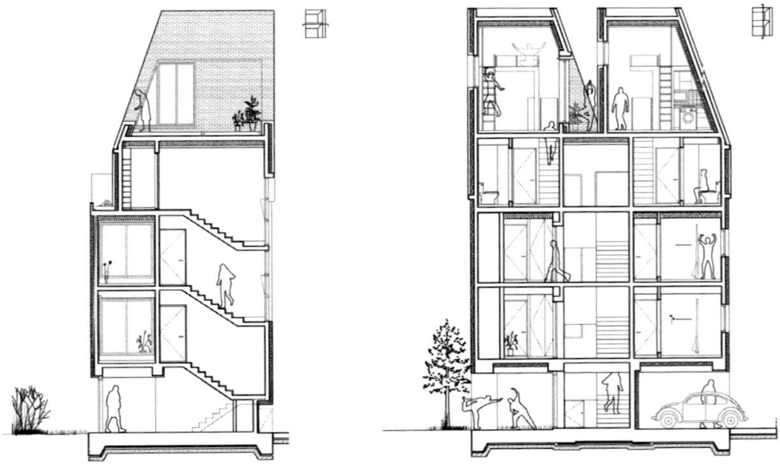

Section

1. living, dining
2. kitchen
3. balcony
4. bathroom
5. room
6. boiled, storage
7. staircase
8. veranda

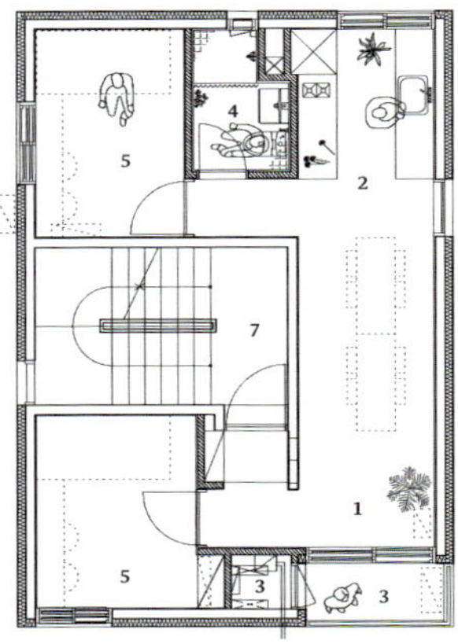

3F plan

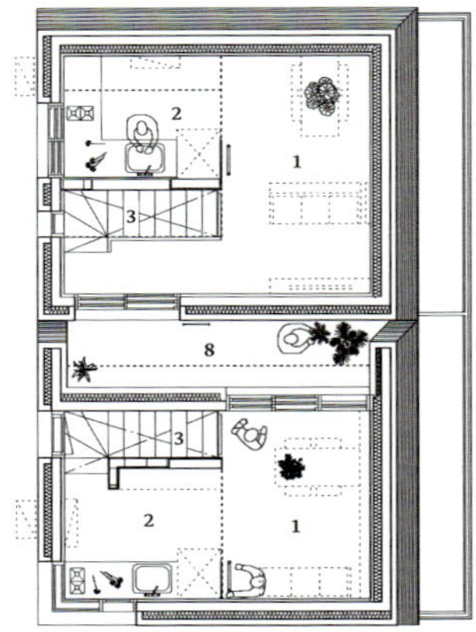

5F plan

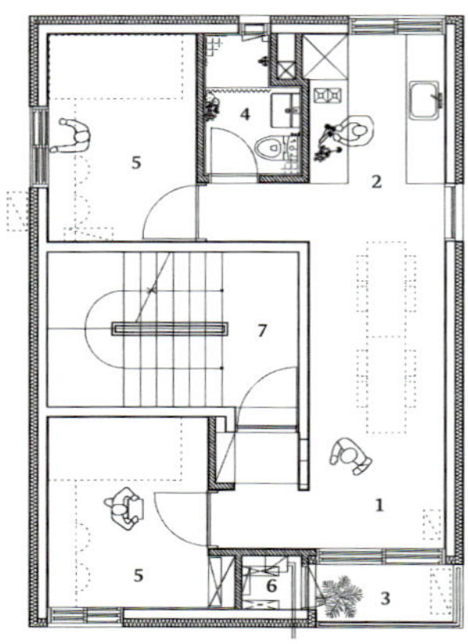

2F plan

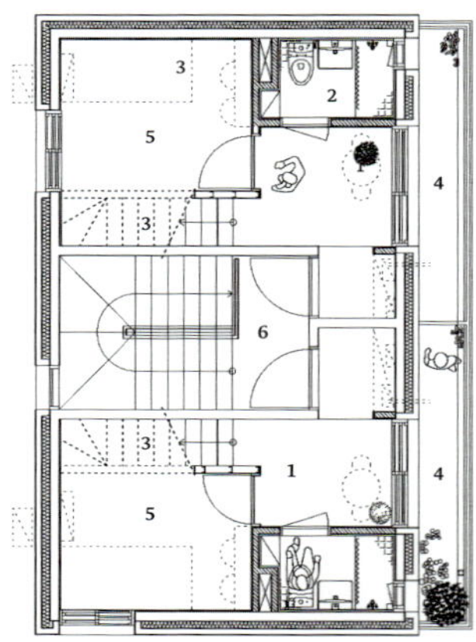

4F plan

0 1 2 3m

두 복층형 주거유닛의 라운지가 있는 5층인데, 일조사선제한을 통해 끌어들인 빛이 높은 창을 통해 북쪽 집에 들어가거나, 벽돌에 반사돼 남쪽 집으로 들어간다.

This is the fifth floor, which houses the lounge of the two maisonette type housing units, and the sunlight that travels in through this path reaches in through a high window into the northern house, or reflects onto the bricks deflecting into the southern house.

아파트— 중산층— 핵가족 이후 세계

Apartments, the Middle Class, and the World Since the Nuclear Family

박해천

동양대학교
교수

Park Haecheon

Professor
Dongyang University

하나 집안을 일으킬 수재라고 촉망받던 지방의 어느 고등학생은 진학을 위해 서울로 올라와 대학교 인근의 하숙집에 짐을 푸는 한편, 학교에서 기술을 배운 어느 공고생은 졸업 후 취업을 위해 경남 해안가의 공업 도시로 향한다. 절대 빈곤에 허덕이던 소작농의 딸은 초등학교를 졸업하자마자 먼 친척의 소개로 서울의 2층 양옥에서 식모 생활을 시작하고, 그녀의 여동생 역시 상경해 구로공단의 가발 공장에 취업한다. 주지하다시피 이런 움직임들이 하나둘 모여 '도시화'라는 하나의 거대한 흐름을 만들어내면 그것이 현대사의 중요한 분수령이 된다. 특히 1960년대 이후부터 30여 년 동안 세계 최고의 도시화율을 달성한 사회라면 더 말할 나위가 없다. —— 현재 인구 695만 명을 기록 중인 '베이비붐 세대'는 이런 세기적 전환의 주역이었다. 그런데 이들이 행한 전환은 그저 도시화에만 머문 것이 아니었다. 그들은 수출 주도형의 '산업화' 전략을 내세운 국가와 협상을 해서 농경 사회와는 전혀 다른 생애주기의 시간표를 만들어냈다. 한편에서는 '출생-교육-취업-독립-연애-결혼-출산-육아-집 장만-자녀 교육-부모 공양' 등 특정 연령대의 사회 구성원이 수행해야 할 과업의 목록이 생애주기에 따라 새롭게 배치되었고, 다른 한편에서 국가는 이 과업을 순서에 따라 정상적으로 수행한 이들에게 '남부럽지 않은 중산층의 삶'을 보장하겠다고 나섰다. 이들 간에 일종의 사회 계약이 맺어졌던 셈이다. —— 이 세대 상당수에 '조국 근대화'라는 거대 서사가 '도시화를 통한 공간 이동'과 '산업화의 흐름을 탄 생애 과업 수행'이라는 두 가지 축을 통해 경험되었던 것도 이런 이유 때문이었다. 공간 이동의 서사가 이촌향도의 흐름을 타고 고향을 떠나 도시로 이동했다가 '방' 형태의 거처를 거쳐 '내 집'을 마련하는 것으로 요약될 수 있다면, 생애 과업 수행의 서사는 안정적인 직장 생활을 바탕으로 '4인 핵가족'을 꾸린 후 자녀들을 교육하고 시골의 부모님께 매달 용돈을 부쳐드리는 삶으로 정리될 수 있었다. —— 물론 이는 사회 계약에 따른 '국민화'의 과정이기도 했다. 이 세대 대부분이 초등학생 시절 담임선생의 회초리를 맞아가며 국민교육헌장을 암기해야 했던 것도 우연이 아니었다. 그들은 중산층이 되기 이전에 박정희 정권이 내세운 '민족적 민주주의'의 호명에 따라 먼저 국민으로 거듭나고 산업화의 역군으로 변모해야 했다. —— 주목해야 할 대목은 개개인의 서사가 개발도상국의 국민이라는 정체 상태에서 벗어나 쾌속 상승의 가속 페달을 밟기 시작한 시점이 대략 1980년대 중반, 전두환 정권의 후반기 이후였다는 점이다. '3저 호황'을 통한 일자리 증가와 1987~8년 노동자 대투쟁을 통한 임금 상승이 후자의 축에서 중산층을 향한 '질주'를 가능케 한 경제적 조건이었다면, 1990년대 초반의 주택 200만 호 건설은 전자의 축에서 집 장만의 꿈을 실현할 수 있는 절호의 기회였다. ——

그렇다면, 60대에 접어들기 시작한 베이비붐 세대가 도시화, 산업화, 국민화라는 세 겹의 과정의 결과로 받아든 성적표는 어떤가? 2010년 현재, 이 세대 중 서울과 경기에 각각 149만 명과 157만 명이, 그리고 부산과 경남에 각각 56만 명과 46만 명이 거주하고 있다. 그러니까 약 400만 명, 베이비붐 세대 인구의 58%가 서울 경기와 부산 경남에 집중된 것이다. 이 세대의 학력은 고졸 44.7%, 중졸 17.7%, 대졸 15.8% 순으로 전체 경제 활동 인구 중 58.8%가 임금근로자로 일하고 있다. 또한 이들의 직업 분포는 장치 기계 조작과 조립 종사자가 15.1%, 전문가와 관련 직종이 13.1%, 판매 종사자가 13.0%를 차지하고 있다. 한편, 이들의 자가 보유율은 59.5%이며 아파트 거주 가구는 52.3%에 달한다.

둘 이번에는 베이비붐 세대의 자녀 세대라고 할 수 있는 '에코 세대'로 눈을 돌려보자. 1979~1992년 사이에 출생한 이들을 일컫는 이 명칭은 21세기 전후로 급변하는 사회적 조건과 맞물려 시기별로 기성세대의 필요에 따라 다양한 명칭으로 불려 왔다. '이해찬 세대'와 'IMF 트라우마 세대'를 거쳐 2000년대 중반에는 '88만원 세대'라는 이름으로 변신하던 이들은 2015년 현재, '삼포·오포 세대'로 불리면서 도시 1인 가구의 주력 집단으로 성장했다. 부모 세대가 성취한 90% 대의 도시화율이 21세기 초반에는 80% 대를 넘어선 에코 세대의 대학 진학률로 이어졌지만, 교육을 통한 계층 이동의 가능성은 부모의 기대에 턱없이 못 미쳤다. —— 이런 상황은 앞서 언급한 두 축과 밀접하게 연관된 것이기도 하다. 즉 도시 1인 가구의 급증이 부동산 가격 상승세에 못 미치는 임금 수준으로 인해 방이라는 주거 형태에서 벗어나지 못한 이들의 증가를 지시한다면, 삼포·오포 세대라는 명칭은 경제적인 이유로 20~30대에 부여된 생애 과업을 제대로 완수할 수 없는 이들의 증가를 의미하는 것이었다. 사실상 고도 성장기에 만들어진 중산층의 성공 서사가 더는 대량 복제되기 어렵다는 사실을 넌지시 암시하고 있다. —— 따지고

보면, '중산층·핵가족' 모델의 이상 징후가 포착되기 시작한 것은 2000년대 초반이었다. IMF 체제에 뒤이은 부동산 가격의 폭등은 당시 '내 집 마련'의 과업을 수행해야 했던 제2차 베이비붐 세대 일부에게 이전 세대와는 다른 선택을 하게 만들었다. 이들이 30대의 나이로 맞이한 21세기는 사회적 이동의 두 축이 사실상 제대로 작동하지 않기 시작하던 시점이었다. 그들에게 중산층 진입은 부모의 도움 없이는 요원한 일이었다. 따라서 아이를 하나만 낳거나 아예 부모 역할을 뒤로 미룬 것은 지극히 합리적인 선택이었다. 문제는 이런 개별적 선택이 하나둘 누적되다 보니 저출산이 대세가 되었다는 점이다. 마치 비밀리에 회합을 하고 자신들을 궁지로 내몬 사회에 대한 복수라도 다짐한 것처럼 보일 정도였다. —— 물론 그들 중 일부는 보유 자원을 총동원해 중산층·핵가족 모델을 유지하려고 시도했다. 그들의 전략은 기본적으로 수도권 신도시 아파트에 거처를 마련하고 맞벌이 부부로 가계 소득 증대에 초점을 맞추며, 주변에 거주하는 부모들을 아기 돌보미로 동원해 육아 비용 지출을 줄이는 것이다. 하지만 이러한 전략은 특정 계층에 편중된 것으로, 쉽게 확대 재생산될 수 없다. —— 한편, 베이비붐 세대의 엘리트 일부는 이 시기에 부동산과 주식 등 자산 시장의 거품을 활용해 자녀 교육의 세계화를 시도했다. 어린 자녀는 뒷바라지해줄 엄마와 함께 유학길에 나서고 아빠는 고국에 남아 열심히 직장 생활을 하며 다달이 생활비와 학비를 보내는 새로운 가족 모델, 즉 '기러기 가족'이라는 변종 형태의 모델이 출현했다. 베이비붐 세대의 상류층 일부는 자녀의 미국 국적 취득을 위해 원정 출산이라는 전략을 실행에 옮기고, 중산층 상당수는 아파트 근처 학원가를 떠돌며 사교육에 몰두하던 시점, 기러기 가족은 중산층 내부의 치열한 경쟁을 우회하는 세계화 전략을 구사했던 셈이다. —— 적어도 2008년 세계 금융위기

이전까지 베이비붐 세대의 기러기 가족은 비록 소수이기 하지만 하나의 뚜렷한 흐름을 만들어가고 있었다. 기러기 가족의 부모가 속한 세대가 도시화의 흐름을 완성하며 중산층에 진입한 세대였으니, 경제적 여유가 있는 그들 중 일부가 대학 진학률 80%대의 시대를 맞이해 자녀 교육의 명품화를 통해 세계화의 가능성을 모색하며 기묘한 형태로 새모델을 실험하고 있다.

셋 　다시 에코 세대로 돌아가 보자. 아마도 지금과 같이 고도성장의 엔진이 멈춘 상태가 지속하고, 이들이 부모 세대와는 다른 사회적 이동의 경로를 개척하려고 시도하지 않는 한, 큐브에 머문 상태에서 계속해서 눈앞의 생애 과업을 포기하게 될 가능성이 크다. 아마도 그들이 최종적으로 포기하게 될 생애 과업은 아마도 (계층·세대 간 소득과 세대 간 인구 격차에 따른) '부모의 공양'과 (국민연금과 건강보험 재정 고갈에 따른) '노년의 건강'이 될 것이다. 따라서 그들이 시간의 흐름에 따라 칠포 세대나 십포 세대로 불린다고 해도 그리 이상하지 않다. 그렇다면 이들이 새로운 사회적 이동의 경로를 발명해낼 수 있을까? —— 일단 공간 이동의 축과 관련해서 고려해볼 수 있는 변수 중 하나는 소셜 네트워크 서비스를 비롯한 가상의 네트워크다. 주지하다시피, 정보화 시대를 주도하는 첨단 IT산업도 성장을 위한 핵심적인 시장 중 하나로 1인 가구를 주목한다. 사실 IT산업은 인터넷과 무선망을 통해 사용자에게 가상의 방을 제공하는 사업이라고 할 수 있다. 포털, 게임, 공유, SNS 등 각종 서비스를 통해 사용자의 두 눈과 컴퓨터 스크린 사이에, 혹은 스마트폰 터치스크린 사이에 정보의 방을 제공해주는 것이다. 물론 그 방은 서비스 제공자의 기술력과 사용자의 감각이 합작해서 만들어낸 가상의 방이라고 할 수 있다. 사용자는 이 방이 제공하는 다양한 문화 콘텐츠를 보고 들으면서 '재미'라는 감정의 흥분 상태를 만끽하는 동안, 서비스 제공자들은 그 대가로 사용자의 '시간'을 챙긴다. 이 시간은 일종의 임대료라고 할 수 있다. —— 이 서비스 제공자의 관점에서 보면, 1인 가구들이 집중적으로 거주하는 지역이야말로, 갈 곳 없는 청춘들의 시간이 고여 있는 '거대한 저수지'

라고 할 수 있다. 물론 부정적으로 본다면, 이 서비스 제공자들이 1인 가구의 거주자들에게 거대한 빨대를 꽂는 것으로 표현할 수 있다. 하지만 실제로 거주자의 입장에서도 이런 정보 서비스와 협력 관계를 맺는 것이 그리 나쁜 선택은 아니었다. 가만히 앉아 있기만 해도 가슴이 답답해지는 비좁은 방 안에서 그나마 컴퓨터 스크린이나 스마트폰의 스크린은 매우 저렴한 가격으로 탈출구를 제공해주니 말이다. 실제로 각종 인터넷 서비스가 저렴한 가격으로 제공하는 '감각적으로 확장된 가상의 방'은 건설사가 무상으로 확장 공사를 해준 아파트의 베란다 같은 역할을 하는 셈이다. —— 역설적인 이야기지만, 어쩌면 이 가상의 방이야말로 에코 세대들이 동년배들과 새로운 친밀성의 관계를 맺어나갈 수 있는 창일 수도 있다. 이미 에코 세대 상당수는 모뎀 기반의 PC 통신부터 각종 인터넷 게시판, 싸이월드나 개인 블로그를 거쳐 스마트 기기의 SNS까지 섭렵하면서, 오프라인의 인간관계와 분리된 다양한 형태의 친밀성을 경험해보지 않는가? 이들은 짧게는 10년부터 길게는 15년 넘게 온라인 이용 경력을 갖추고 있다. 따라서 그들이 새로운 형태의 친밀성을 발명해주리라고 기대하는 것도 큰 무리는 아니다. 물론 이때의 친밀성은 가족과 다른 형태일 뿐만 아니라, 도시화의 1세대들이 지닌 동네나 마을에 대한 낭만적 판타지로 퇴각하지 않으며 이해관계에 따라 정치적으로 조직화할 수 있는 친밀성, 그리고 언제나 관계의 맥락이 화면 저편으로 쉽게 사라질 수도 있다는 사실을 묵묵히 받아들이는 친밀성이 될 것이다.

넷 한편, 생애 과업 수행의 축과 관련해 주목할 만한 행위자 집단은 누구일까? 아마도 중산층·핵가족 모델의 가치 체계와 어긋나는 이해관계를 지닌 집단이 아파트와는 대비되는 새로운 주거 문화를 일궈나갈 가능성이 크지 않을까? 이런 맥락에서 보자면 에코 세대와 그 이후 세대의 고학력 여성들을 주목해볼 만 하다. 2015년 상반기, 소셜 네트워크 서비스에서 활발하게 활동하던 이 세대의 여성 일부는 "나는 페미니스트다"라고 선언하며 사회 저변의 여성 혐오 분위기에 반기를 들고 일어났다. 샤를리 에브도 테러 사건을 기점으로 빠른 속도로 번져나간 이 움직임은 얼마 전에는 성차별 발언을 일삼는 연예인에 대한 퇴출 운동으로 이어지기도 했다. —— 사실 이런 움직임의 정체를 파악하기 위해서는 일단 1990년대 초반으로 거슬러 올라갈 필요가 있다. 이 시기 한국의 출생아 남녀 성비는 이례적이라고 할 만큼 압도적인 불균형 상태에 놓여 있었다. 특히 1990년에는 불균형의 최고점을 찍었는데, 여성 100명당 116명의 남성이 태어났다. 전통적인 남아선호 사상이 첨단 의료기기와 결합해 임신 여성의 몸을 도구화한 결과였다. 상황이 변한 것은 2000년대 초반부터다. 출생아의 부모 세대가 1960년대 생에서 1970년대 생으로 넘어갔고, 저출산의 추세가 완연해지면서 성비 불균형 역시 완화되기 시작했다. —— 흥미로운 것은 성비 불균형의 최고점을 찍으면서 에코 세대의 마지막 자리를 차지한 1990년대 초반생들이 대학 문에 들어설 무렵인 2009년, 여학생의 진학률이 남학생을 앞서기 시작했다는 점이다. 2000년만 해도 남학생의 진학률은 여학생보다 5% 정도 앞섰지만, 2009년을 기점으로 남녀 간 진학률이 역전되었고, 이후 격차가 더욱 벌어져 2014년에는 7%대의 차이를 기록했다. —— 그리고 2015년 그 여학생들의 사회 진출이 본격화되는 시점이 되었다. 돌이켜보면 이 젊은 여성들의 어머니들, 즉 베이비붐 세대의 여성 엘리트 중 일부는 젊은 시절 민주화 열기에 힘입어 페미니즘의 세례를 받은 바 있었다. 물론 당시 페미니즘 운동은 여러 가지 이유로 금세 사그라졌고, 그 영향권 아래 놓였던 여성들 역시 가정주부로 변신하여 전선에서 이탈했다. 이 과정에서 신도시 아파트와 대형할인매장과 사교육은 중산층 가정주부로 이들을 포획하는 데 효과적인 장치로 기능했다. —— 그런데 과연 그들의 딸들에게도 이 포획 장치가 온전히 작동할 수 있을까? 앞서 언급했듯이 고도 성장기의 중산층·핵가족 모델이 저성장 시대의 진입과 더불어 영향력을 상실해가고 있다. 추정컨대, 젊은 페미니스트들의 출현에는 이런 맥락들이 작용하고 있을 것이다. 극단적인 남녀 성비 불균형 시대에 태어났으나 동년배 남성보다 더 높은 비율로 대학에 진학했고 지금은 경제 활동을 벌이고 있거나 준비 중인 여성들, 그들 중 일부가 '어머니'와는 다른 삶의 모델을 모색하면서 불평등의 장벽을 체감하고 이 운동에 참여하고 있는 것이다. 물론 그 장벽이란 삶에 대한 여성의 사회적 진출을 가로막고 서 있는 남녀 임금 격차 OECD 1위, 남녀평등 지수 117위의 남성 중심적 체제이다. —— 그렇다면 이 움직임은 이후에 어떤 모습으로 전개될까? 뭇 남성들의 예측처럼 정치적으로 조직화하지 못한 채 '억센 언니들'의 일회성 이벤트에 그치고 말까? 물론 그럴 수도 있을 것이다. 하지만 현재 그들이야말로 가부장제와 결합한 중산층·핵가족 모델을 주체적으로 거부하거나 그에 변형을 가할 가능성이 가장 큰 집단이며, 그와 함께 저성장 시대에 부합하는 생애 과업을 새롭게 갱신해낼 잠재력을 갖춘 행위자들이라고 할 수 있다.

다섯 각종 예측에 따르면, 2030년의 한국 사회는 1인 가구 중심의 초고령 사회로 변모해 있을 것이다. 2015년 현재 665만 명에 달하는 65세 이상 노인 인구는 15년 후에는 1,270만 명으로 늘어날 것이며, 전체 인구의 비중 역시 현재 13.1%에서 24%로 급증할 것이다. 한편 서울시에 거주하는 4인 가구는 2000년 32.1%에서 2015년 19.6%로 급감했고, 2030년에는 12.7%까지 떨어질 것으로 예측된다. 반면, 같은 기간 1인 가구는 17%에서 24.7%로, 그리고 31%로 증가할 것으로 분석되었다. 이에 따르면 2030년의 서울시에 열 가구 중 다섯 가구가 1-2인 가구라는 것이다. —— 저성장의 추세에서 저출산과 고령화라는 인구 변수가 바꿔놓을 2030년의 세계, 아마도 21세기 한국의 젊은 건축가와 디자이너들이 현재의 인공 환경을 시대의 요구에 맞는 형태로 재구성해내려고 한다면, 어쩌면 그 출발점 중 하나는 지난 세기의 도시화, 산업화, 국민화라는 세 겹의 과정이 만들어놓은 공간 이동의 경로와 생애 과업의 시간표를 새롭게 창안해 내는 것이 될 것이다.

ONE A promising student attending a provincial high school, considered a prodigy and expected to rebuild family fortunes, moves to a boarding house near a college in Seoul. A technical high school graduate moves to an industrial city on the coast of the Gyeongnam province. A daughter of a poor tenant farmer, soon after graduating from elementary school moves to a two-story Western-style house near Seoul, where a relative has found her work as a housekeeper. Her little sister soon follows her footsteps, getting a job either at a wig factory or an electronics company in the Guro Industrial Complex in Seoul. As we know, these little movements form a larger flow called 'urbanization', becoming the watershed of modern society. This formula helped to build a society that achieved 90% urbanization in the 30 years after the 1960s. —— The 'baby boom generation', a record 6.95 million, played a critical role in this change in the last century. The rural to urban migration movement led by baby boomers alongside an industrialization driven by an export heavy chemical industry, created a peculiar population concentration phenomenon. According to the 2010 census, 58% of the baby boomer generation, numbering about 4 million, live in either the Seoul/Gyeonggi area or the Busan/Gyeongnam area; 1.49 million in Seoul, 1.57 million in the Gyeonggi area, 560,000 in Busan, and 460,000 in the Gyeongnam area. —— With the experience of industrialization and urbanization, the baby boom generation negotiated the 'modernization of the fatherland' and created a pattern of life that was very different to that of their agricultural forebears. Their tasks and duties, which were education, employment, independence, romance, marriage, childbirth, childcare, house ownership, child education, taking care of elder parents were arranged according to this new life cycle, and the government promised a 'content middle class life' as compensation. It was, in a way, 'a social contract' between the government and the people. —— The epic 'modernization of the fatherland' has developed microscopically through the dual axis of 'spatial movement through urbanization' and the 'fulfillment of life tasks through industrialization'. When considering the epic of social movement as a whole, if the axis of 'spatial movement through urbanization' can be summarized in the chronology of urban migration, rentals, and house ownership, the latter axis of 'fulfillment of life tasks through industrialization' can be summarized as managing a 'nuclear family of 4' with the help of stable employment, educating one's children, and sending an allowance to one's elder parents still living in the countryside. —— The mid 1980s was the point at which this epic movement overcame the congested condition of 'underdevelopment' and began to gain momentum. 'Three lows' - low interest rates, low dollar rates, and low oil prices created a Korean economic boom, in turn leading to higher rates of employment. In addition the great labor struggle of 1987 resulted in higher wages for workers. These were the economic conditions that stimulated social mobility and the creation of a middle class. The development of new towns around the metropolitan area and the construction of 2 million houses since 1989 became the physical foundation for achieving the dream of house ownership. —— The report card for the baby boom generation in 2010 is as follows: 44.7% high school graduates, 17.7% middle school graduates, and 15.8% college graduates. 58.8% of the total economically active population are paid workers. 15.1% work in mechanical handling or assembling, 13.1% in specialist or related jobs, and 13.0% are in sales. 59.5% own houses, and 52.3% lives in apartments.

TWO Now, let's take a look at the 'echo generation'—the generation after the baby boom generation. This generation of people born between 1979 and 1992 have been called various names by the older generation, each according to the sudden social change at the turn of the century. Initially known as the 'Lee Haechan generation' and or the 'IMF trauma generation', echo boomers became known as the '880 thousand KRW generation' during the mid 2000s, and are now known as the 'sam-po, oh-po generation' and form the majority of the 'single-person household'. —— Looking at it from the perspective suggested above, it is not hard to realize that the names 'single-person household' and 'sam-po, oh-po generation'(*sam-po means 'to give up three', and oh-po means 'to give up five') are connected to the two aforementioned axis of social movement, 'the fulfillment of life time tasks' and 'house ownership'. In other words, if the rapid increase of single-person households and the skyrocketing real estate prices of the early 2000s means that younger generations can't afford their own place, sam-po, oh-po generation means an increase of those people who cannot complete the 'lifetime tasks' assigned for their 20~30s for economic reasons. —— Does this mean that the epic middle-class success story, developed during the rapid growth period, can no longer be mass-produced? The problems of the middle class–nuclear family model began to appear in the early 2000s. Soaring real estate prices after the IMF crisis caused some of the second baby boomer generation to make different life choices to their predecessors. In fact, the 21st century, when this generation reached their 30s, was a period in which the two axis of social movement did not function properly. It became nearly impossible to become middle class without parental help. Therefore, it was a rational decision to have only one child or to postpone parenthood. Problematically, these individual choices brought about a low birthrate as a general trend. It is almost as if they secretly made an agreement to avenge themselves on a society which had cornered them into their current situation. —— Of course, some of them attempted to maintain the middle class nuclear family model by mobilizing every resource they had. Their basic strategy was to get an apartment in new towns in the metropolitan area, maximize their family income through dual incomes, and minimize child-care expenses by mobilizing their parents as babysitters. However, this strategy was only available to certain classes, making reproduction difficult. —— Meanwhile, a number of the baby boomer elite attempted to globalize their child's education by taking advantage of the inflated state of the assets market, such as real estate and stock exchange. Young children would leave the country with their mothers, and fathers would stay in the home country in order to continue to provide financial support. This was a new mutant family model, known as the 'goose family'. While some wealthy baby boomers carried out 'expedition births' in order to acquire US citizenship for their child or sent their children to private education academies, the goose family chose to make a strategic detour in order to achieve 'globalization'. —— Prior to the economic crisis of 2008, the goose family, although a minority, were distinctly forming a social current. In an 80% college enrollment era, these families attempted to differentiate and add prestige to their children's education through an emphasis on a global experience. This sort of odd experimental family structure was possible because the parent generation of the goose family had succeeded in entering the middle class by completing the flow of urbanization.

THREE Let's get back to the echo generation. If the rapid growth engine remains stalled in stasis and if this generation does not attempt to pioneer a different social movement path than their parents' generation, there is a high chance that they will remain in the cube and continue to give up on fulfilling their life-time tasks. The life task that they give up may be the care of their elderly parents, due to income between class/generation and population gap, or their own health in old age, due to depletion of national pension and health insurance funds. It would not be surprising if they eventually became known as a chil-po,(give up seven) or sip-po(give up ten) generation. —— If that is the case, is it possible for them to invent a new social movement path? The first possibility may be a virtual network using social networks. The single-person household is considered a core market for the growth of the IT industry, a key industry in the information era. As a matter of fact, the information service industry can be considered a business that provides virtual room for consumers through the internet and through wireless networks. It provides rooms of information through portal sites, games, sharing, SNS, and various services through computers and smart phones. Of course, that virtual room is created through a combination of the technology of the service provider and the sensory participation of the users. While users listen and watch various cultural contents and bask in the excitement of 'having fun', the service providers take the 'time' of the users. This time can be considered as a sort of rental fee.

Seeing this from the eyes of the service providers, areas with a concentration of single person or two person households are like massive reservoirs containing all the leisure time of the young. Considered negatively, one might imagine the service providers as inserting a giant straw into this reservoir of single or double households. However, cooperating with information services is not necessarily a bad choice for these residents, because the computers and smart phones provide an escape from the confined space of a narrow room. This 'sensually expanded virtual room', provided cheaply by the internet is like an apartment balcony that has been built for you for free.

Paradoxically, this virtual room may be the window where the echo generation makes new intimate relationships. Haven't most echo boomers already experienced various forms of intimacy through modem based PC communication services, various internet bulletin boards, Cyworld, personal blogs, and smart device based social networking services, in ways that are distinct from offline relationships? They have 10 to 15 years of experience online. Therefore, this invention of a new form of intimacy is not an unexpected development. This intimacy, different from that which one experiences with one's family, will not reject the romantic fantasy of the 'village' or 'town' of the first urban generation and will continue to contain the potential to be politically systemized according to one's interests, while simultaneously always aware that beyond the screen the context of the relationship may suddenly disappear.

FOUR Meanwhile, what are the dominant demographics in the context of the emerging alternative residence type? Is there a higher chance that they will cultivate a different residential culture from apartments, since they will have interests and value systems that contradict the middle class nuclear family model? In this context, let's take a look at the well-educated woman from the echo generation. In early 2015, some women of the echo generation took to social networks to declare that "I am a feminist", and stand up against social hatred against women. This movement has spread quickly since the Charlie Hebdo terror incident, leading to protests against some celebrities known for constantly making sexist comments. — In order to understand this movement, we should look at again at the early 1990s. During this time, the gender ratio of newborn babies was unprecedentedly unbalanced reaching a peak in 1990 and resulting in 116 men per 100 women. This unbalance was a convergence of the traditional preference for sons and of high tech medical devices enabling a view of the female body as a tool or an instrument. This situation continued until the early 2000s. The birth year of the parents' generation shifted from the 1960s to the 1970s, and the unbalanced gender ratio eased as the low birthrate became more obvious. —— Interestingly, when the latest echo generation, born in the early 90s, started entering college in 2009, women's college entrance rates began to overtake that of men. Until 2000, college entrance rates for male students were 5% higher than female students, but this turned around in 2009 and by 2014 resulted in a 7% difference in favor of women. In 2015 those female students entered the workforce. In hindsight, some women in the baby boomer elite were baptized with feminism when they were young during the democratization of Korea. For a variety of reasons, the feminism movement of that time blew over, transforming many working women back into housewives. During this process, large-scale discount stores in new towns and the private education industry were effective in capturing the attention of middle class housewives. —— Will this capturing device work for their daughters as well? The middle class-nuclear family model from the rapid growth period is no longer as replicable as we enter a lower growth period. We can assume that this was one of the reasons that caused the emergence of the feminist. Despite the extremely unbalanced gender ratio, they have a higher college entrance rate than men. They are either participating in or preparing to engage in economic activities, and some of them are participating in the feminist movement because they feel the barrier of inequality as they seek a different life model than their mothers. The barriers are that of a male-dominant society, as Korea has the highest income gap between men and women in the OECD and ranks 117th in the GDI(Gender-related Development Index). —— How will this movement unfold in the future? Will it end up being a one-off event of 'tough ladies' that fails to become politically systemized, as some men predict? It is a possibility. However, they can be considered a group that has a higher chance to resist against the middle class-nuclear family model, and also with the potential to suggest an alternative housing culture that corresponds to this low growth era.

FIVE According to various forecasts, Korea will become a super-aged society centered on single person housing by 2030. The over 65 aging population, which reaches 6.65 million in 2015, will increase to 12.7 million in 15 years and they will increase from 13.1% of the population to 24%. Meanwhile, 4-person housing has rapidly decreased from 32.1% in 2000 to 19.6% in 2015 and is estimated to reach 12.7% by 2030. On the other hand, single person housing is projected to increase from 16.3% to 27.0% to 30.1%, and from 17.0% to 24.7% to 31.0%. According to research, 5 out of 10 households in Seoul will be single or double households by 2030. —— The aging society of 2030 will be a different world from today. Reconstituting the build environment which corresponds to the demand of the era will be a new challenge and an important assignment for the young Korean architects and designers living in the 21st century.

박해천

박해천은 디자인 연구자로 동양대학교 교양학부 테크노에틱 연계전공 조교수로 재직 중이다. 지은 책으로 『인터페이스 연대기』, 『콘크리트 유토피아』, 『아파트 게임』, 『아수라장의 모더니티』 등이 있다.

Park Haecheon

Park Haecheon is an assistant professor in the department of Liberal Ats at Dongyang University. He has authored books on Korean visual culture and design such as <The Chronicles of Interfaces>, <Concrete Utopia>, <Apartment Game> and <The Modernity of Pandemonium>.

판교 층층마루집

산새마을 두레주택

조진만 아키텍츠

Layered Terrace House

Du-Re House

Jo Jinman Architects

Layered Terrace House
판교 층층마루집

설계 조진만 아키텍츠(조진만)
설계담당 차승연, 홍욱의 위치 경기도 성남시 분당구 판교동 502-7 용도 단독주택 대지면적 231.30m² 건축면적 109.00m² 연면적 204.70m² 규모 지상 2층 높이 9.4m 주차 2대 건폐율 47.12% 용적률 88.5% 구조 철근콘크리트조 외부마감 스터코, SPF 기즈리목, 데크목 내부마감 석고보드 위 도장, 강화마루 구조설계 터구조(주) 기계·전기설계 (주)지엠엔지니어링 시공 건축주직영 설계기간 2014. 1.~5. 시공기간 2014. 7.~12.

Architect Jo Jinman Architects (Jo Jinman) Design team Cha Seungyeon, Hong Ukee Location 502-7 Pangyo-dong,Bundang-gu, Seongnam-si, Gyeonggi-do, Korea Programme detached house Site area 231.30m² Building area 109.00m² Gross floor area 204.70m² Building scope 2F Height 9.4m Parking 2 Building to land ratio 47.12% Floor area ratio 88.5% Structure RC Exterior finishing stucco, SPF timber, deck wood Interior finishing paint, solid wood floor Structural engineer The kujo Mechanical and Electrical engineer GM engineering&consultant Construction direct management by the client Design period Jan. May 2014 Construction period July Dec. 2014

Pangyo Layered Terrace HousePangyo Layered Terrace House for three generations, 8 person family is located in a housing development district, which is about15 minutes drive away from city center of Seoul. Based on some initial conditions such as a 12X12m size of the site, local planning guideline with rigid volumetric restrictions and future flexibility of family members, the house is made to function like a small city. The site is facing to the road at the south-west side and the rest is surrounded by adjacent houses closely. Based on careful analysis of daylight and family composition, the proposal was to make two blocks of southward structures with a void in the middle in order to accommodate four different domains, i.e. three generations and a shared one. Each of them has different height and as a result, those separated domains are integrated into a single landscape through the patio with diagonal 45° up and downward of mans vision at any point

층층마루집은 분당구 판교에 있는 도시주거로 아파트에 흩어져 거주하던 3대 8 가족이 함께 모여 살기 위한 집이다. 종횡으로 약12m 건축 가능한 땅과 지구단위 지침의 제약들 그리고 가변성을 내포하는 가족구성이라는 조건을 토대로 도시주거의 원형적 공간인 중정의 가능성에 주목해 작은 도시와 같은 집을 제안했다. 남서 측의 전면 도로와 인접한 주택으로 둘러진 대지는 가족 구성과 일조건의 분석을 통해 사이에 비움을 둔 두 동의 남향채로 구성되고 이는 다시 두개층으로 나눠 총 네개의 영역이 각각 삼대의 세대별 그리고 공동의 쓰임을 수용한다. 네 영역은 서로 상이한 층고를 갖고 엇갈리게 쌓여 내부 어디서 중정을 매개로 상하 45도의 사선적 시야가 한 풍경으로 통합된다. 제각각 다른 볼륨을 가진 열 일곱 개의 방으로 이루어진 작은 도시에 삽입된 공간은 1층 중정마루에서 2층 노대를 거쳐 옥상마루까지 입체적으로 펼쳐지며 사계절 각기 다른 빛과 자연을 내부로 끌어들인다. 다섯개의 침실은 모두 네개의 바깥 마루에 접해 마주한 방과 서로 함께하거나 때론 반대로 이격되기도 하며 복합적인 관계를 만든다. 집 안에서도 크고 작은 개구부를 통해 공간이 서로 연결되며 필요 이상으로 넓게 만들어진 계단은 현관에서 옥상까지 흐르듯 네 영역의 동선을 묶으며 때로는 거실의 확장으로 때로는 가족실의 일부가 된다. 이처럼 집 속에 층층 쌓인 마루는 마치 도시의 광장처럼 그 속에 거주하는 사람들을 하나로 모으기도 하고 변화하는 외부 환경에 따라 창조적으로 다양하게 채워지는 무대인 동시에 서로 교차하는 도시의 가로처럼 방과 방을 연결시키고 거주자들의 관계성의 변화를 공간적으로 정의하며 거주풍경을 만들어 나간다.

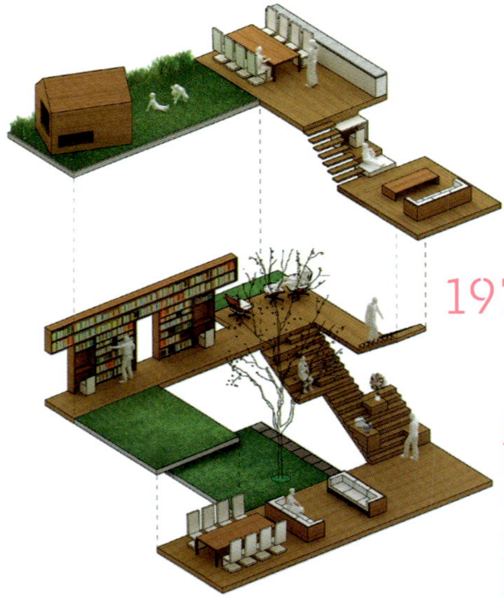

Axonometric image of public spaces

of the house. The empty field which inserted in the heart of this a small city like house with 17 rooms is unfolded three dimensionally starting from the ground floor patio through the second level terrace to the roof terrace continuously, embraces dynamic nature outside and various daylight as per season changes will be filled with colorful livingscapes. Also five bedrooms are located in-between four outdoor platforms creates spatial expansion or independence upon occasions with opposite side of room forms complex relationship. Some internal windows are designed for inner communication, meanwhile main stairs are much wider than its ordinary uses not only for seamless vertical circulation from the entrance to the roof terrace, but also working as an extensive living room or as a reading area intermingled with family room evokes invention of creative uses for dweller. Just like so many town squares, multi layered platforms in the heart of the house used for common gatherings or as for a stage which can be filled with various living scenes as per constantly changing nature. At the same time as if the streets, it connects the rooms for diverse spatial extensions and defines altering the relationship of dweller as well.

네 영역은 서로 상이한 층고를 갖고 엇갈리게 쌓여 내부 어디서 중정을 매개로 상하 45도의 사선적 시야가 한 풍경으로 통합된다.

Each of them has different height and as a result, those separated domains are integrated into a single landscape through the patio with diagonal 45°up and downward of mans vision at any point of the house.

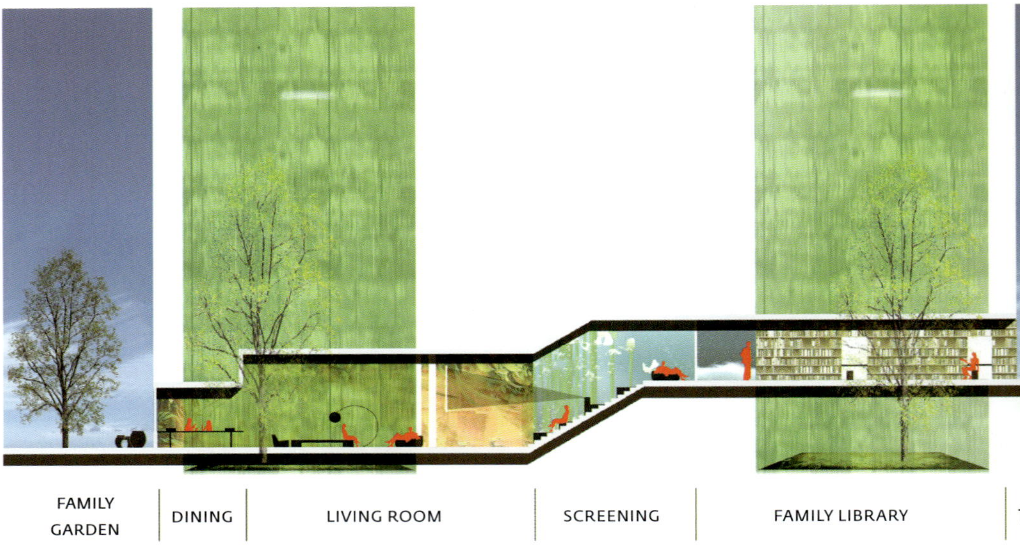

Expand the cross-sectional view of public space

Section

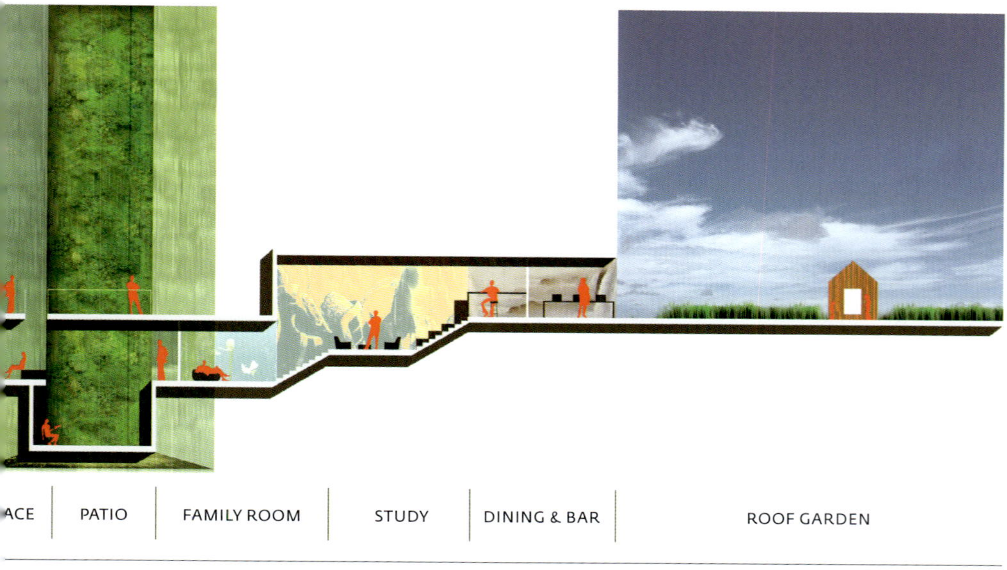

층층마루집은 분당구 판교에 있는 도시주거로 아파트에 흩어져 거주하던 3대 8 가족이 함께 모여 살기 위한 집이다.

Pangyo Layered Terrace HousePangyo Layered Terrace House for three generations, 8 person family is located in a housing development district, which is about15 minutes drive away from city center of Seoul.

중정마루와 바깥풍경 그리고 가족 구성원의 생활풍경이 실내에서 하나로 통합된다.

The intensity of the interior was freed by placing a small balcony and a terrace.

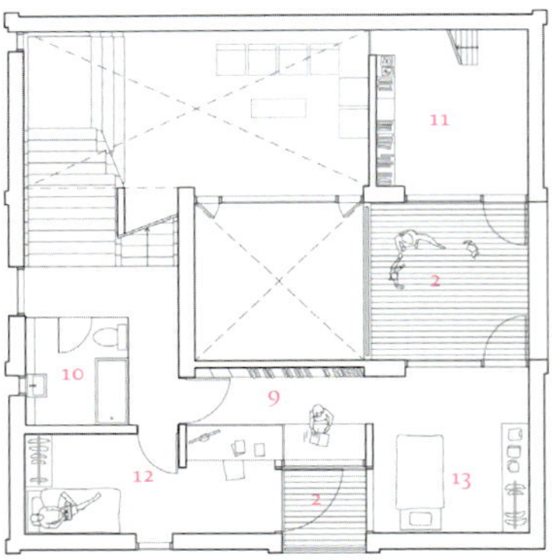

2FA plan

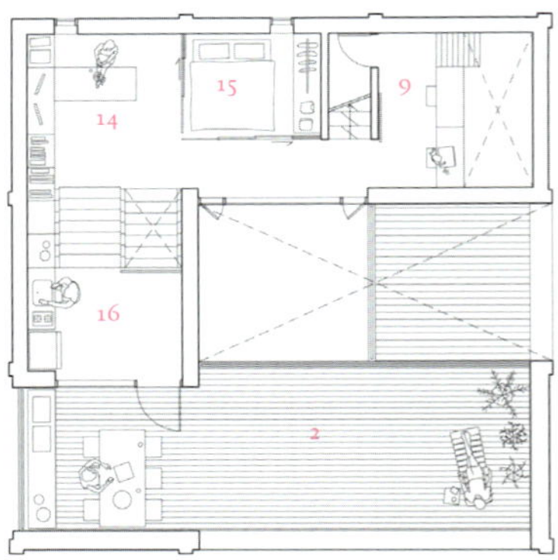

2FB plan

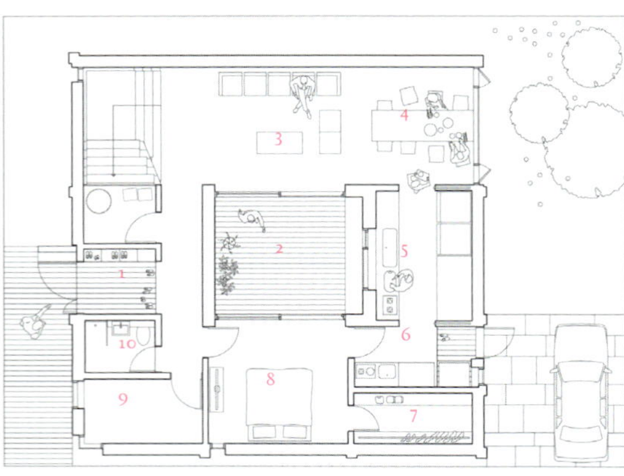

1F plan

01. entrance
02. deck
03. living room
04. dining room
05. kitchen
06. utility room
07. dress room
08. master bedroom for grandparent
09. study
10. bathroom
11. room for children
12. room for uncle
13. room for aunt
14. family room
15. bedroom for parent
16. kitchenette

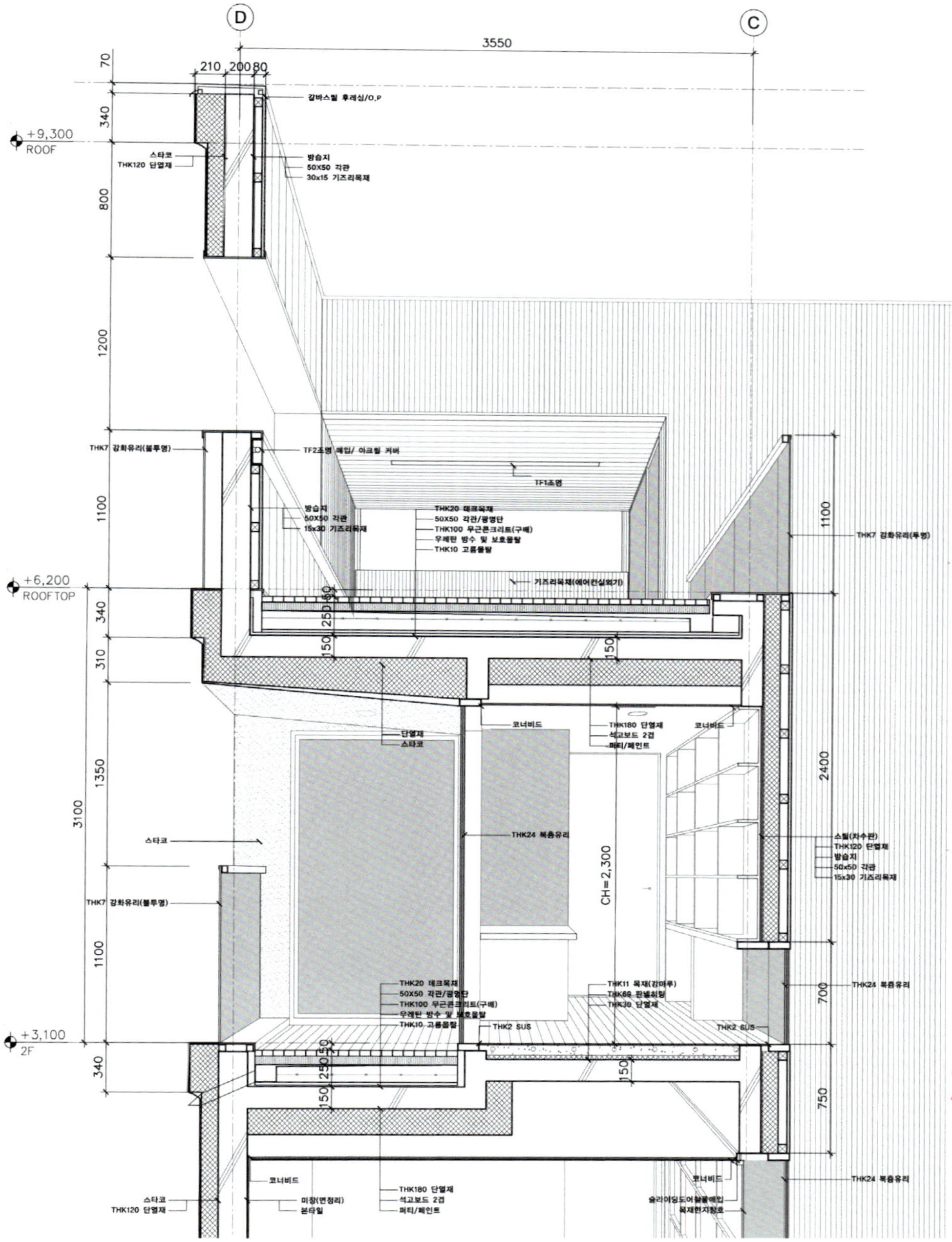

Detail of terrace

블록을 쌓은 것 같은 묘한 기운의 외관. 외부와 방어적으로 쌓아올린 집. 가족을 지키는 작은 성채 같다.

A strange looking exterior, which seems to be made up with pile of blocks, and the defensively culminated structure looks almost like a fortress that protects the family.

Du-Re House
산새마을 두레주택

산새마을 두레주택

설계 조진만 아키텍츠(조진만) 설계담당 조진만, 홍욱의 위치 서울특별시 은평구 신사동 237-231 용도 임대형 셰어하우스 대지면적 116㎡ 건축면적 69.5㎡ 연면적 140.94㎡ 규모 지상 4층 지하 1층 건폐율 59.8% 용적률 131.7% 구조 RC

DU-RE HOUSE

Architect Jo Jinman Architects (Jo Jinman) Design team Jo Jinman, Hong Ukee Location 237-231, Sinsa-dong, Eunpyeong-gu, Seoul, Korea Programme sharing housing Site area 116㎡ Building area 69.5㎡ Gross floor area 140.94㎡ Building scope B1, 4F Building to land ratio 59.8% Floor area ratio 131.7% Structure RC

서울시 은평구 신사동 산새마을은 일본강점기 공동묘지였다가 1960년대 후반 철거민과 수재민 이주 택지로 조성되면서 형성된 동네다. 산새마을이라는 이름은 주민참여형 주거재생사업 시범마을로 선정되면서 붙여진 것으로, 이 사업을 계기로 주민 공동체가 활성화된 마을로 세간의 주목을 받았다. 지난 세월 양적 개발에 치중해 획일화된 대도시 서울의 한 구석에 자리한, 여전히 옛 마을공동체의 모습을 간직하고 있는 몇 안 되는 장소다. 이들은 공동 텃밭을 일구거나, 마을을 곳곳을 가꾸고 김장나누기 골목청소를 통해 더불어 살기 좋은 마을을 만들어 왔다.

Sansae Village in Sinsadong, Eunpyeong-gu, Seoul, previous public burial ground during Japanese colonial era was developed as relocation residential land for the evicted and flood victims in late 1960s. The village was named when it was selected as pilot project of Participatory Residential Regeneration, and has come into spotlight as a village with active local community. Located in a corner of Seoul which is standardized metropolitan area due to concentration on quantitative development for decades, it is one of a few remaining places which still conserve the form of old community. They have kept their village as livable community by tending common kitchen garden, maintaining every corner of village, sharing kimchi-making, and alley cleaning.

Dure House, rental housing operated by Seoul Metropolitan Government, is comprised of independent bedrooms and shared livingroom and kitchen, which is a sort of share house which can accommodate young employees and elderly people living alone. Without proposing new housing type in terms of architecture, most share houses recently springing up just apply layout of existing houses and apartments and emphasize the aspect of management and rent. We intend to propose new architectural type which introduces village into house and extend house to village by analyzing space occupation way and sociality of existing local community. They are new housing types as follows; composition with private garden variously extended toward public street instead of closed corridor without boundary; architectural promenade with various contact points with public street and surroundings instead of closed vertical circulation; local communication and dynamic spatial structure comprised of a set of small things rather than huge square. This house includes small urban fabric. It has park, path, and even square. Though only five people live there, garden and livingroom is facing the street without fence and extended path, weaving five rooms in upper part, is open toward village community. Through this, architecture can exist as village landscape to be completed by residents and neighbors together.

두레주택은 서울시의 임대식 주택으로, 사회초년생이나 홀몸노인이 저렴한 비용으로 장기간 거주할 수 있는 일종의 셰어하우스 개념으로 각자 독립된 침실공간과 함께 나눠쓰는 거실과 주방으로 구성된다. 그러나 근래 우후죽순으로 생기는 셰어하우스는 기존의 단독주택이나 아파트의 구성을 그대로 적용하거나 관리나 임대 측면에서만 강조할 뿐 어느 것도 건축적으로 새로운 주거양식을 제안하고 있지 않다.
우리는 기존 마을 공동체의 공간 점유방식과 사회성을 분석해 담장이라는 경계 없이 마을이 주거로 들어오며 동시에 주거가 마을로 확장되는 새로운 건축적 유형을 제안하고자 한다.
그것은 외부에 닫힌 복도가 아닌 공공의 가로에 다양하게 펼쳐진 사적 마당이 경계 없이 구성된 것, 닫힌 수 직동선이 아닌 아닌 공공의 가로와 주변에 다양한 접점들을 가지는 건축적 산책로가 되는것, 거대한 광장이 아닌 작은 것들의 집합으로 이루어진 지역의 소통적이며 역동적 공간구조를 갖는 주거의 새로운 양식이다. 이 주택은 작은 도시 조직을 가지고 있다. 내부에 공원, 길, 광장도 있다. 비단 5명의 거주자가 생활하는 집이지만 담장 없이 가로에 접해 마당과 거실이 있고 확장된 길은 연속되어 상부의 다섯 개의 방을 엮으며 마을 공동체에 열려있다. 이를 통해 건축은 거주자와 이웃 주민들이 함께 만들어가는 마을풍경으로 존재하게 된다.

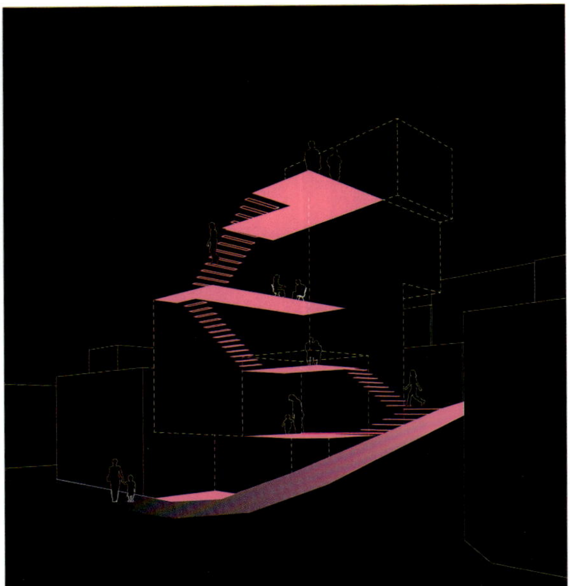

Alleys in the Air

'FROM FUNCTION TO EVENTS'

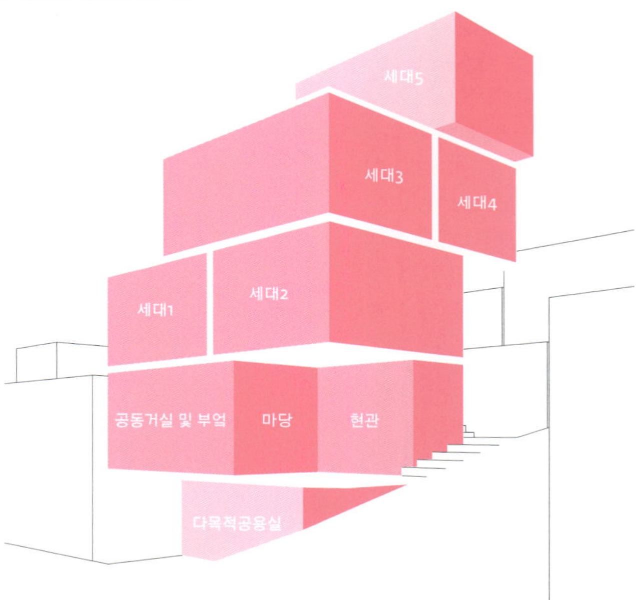

Units

'FROM COMMON TO PRIVATE USE'

209

Du-Re House

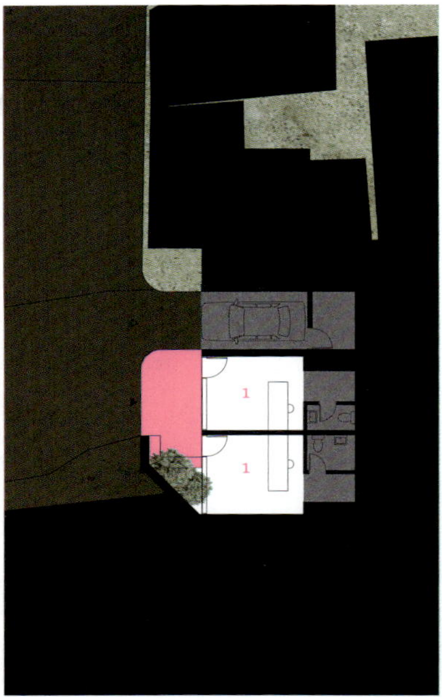

B1F plan

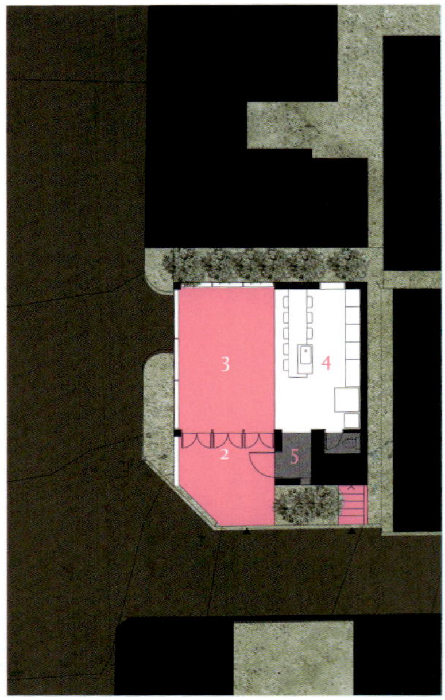

1F plan

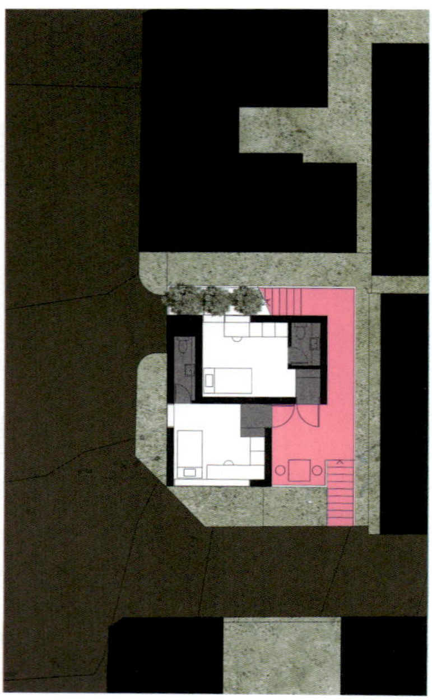

2F plan

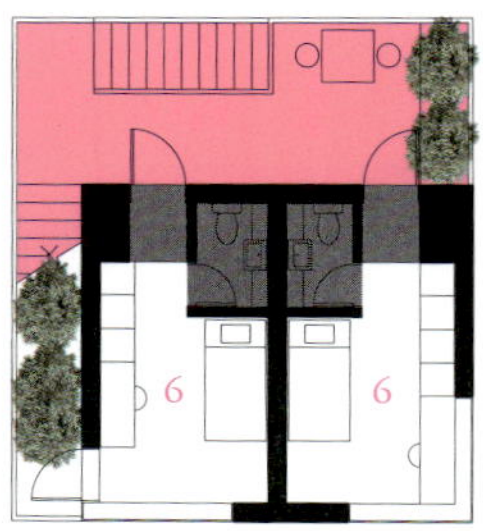

3F plan

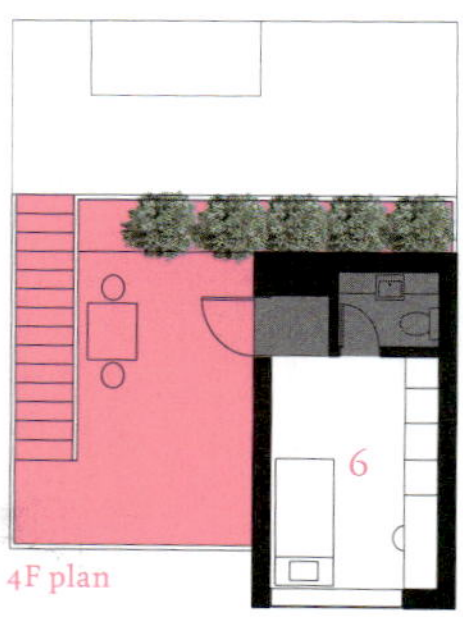

4F plan

1. multi-purpose public space
2. yard
3. public living room
4. shared kitchen
5. entrance
6. bedroom

1. multi-purpose public space
2. yard
3. public living room
4. shared kitchen
5. entrance
6. bedroom

Section

인터뷰

Interview

박해천
이은경
에스오에이
조진만

Park Haecheon
Lee Eunkyung
SoA
Jo Jinman

CONNECTING WITH RESIDENTIAL ISSUES OF INDIVIDUAL HOUSEHOLDS

QUESTION
One
Park Haecheon

As a design scholar, I personally have much interest about housing space beyond the apartments. Apartments were housing spaces that interacted with the middle class-nuclear family during the rapid growth period along with urbanization. On the other hand, middle class-nuclear family model lost its former dominant position when we entered the age of low growth rate, low birthrate, and the aging society. Cooperative public houses, The Rabbit house, and Layered Terrace House are housing types that is connected with the housing problems that contemporary individual households face. First, tell us about your residential history.

ANSWER
One
Lee Eunkyung

I lived in a detached house since I was a kid, until I entered into college. It was a Western style two story house. People in the neighborhood knew each other well, and I would hangout with my friends and roam around the streets. I really liked that house. My room was on the 2nd floor, and it had a terrace ? which I spent time on the summer. During college, I mostly lived in the dormitory. When I went to study abroad, I mostly shared a

개별 세대의 주거문제와 독특한 관계 맺기

질문
하나 —
박해천

나는 디자인 연구자로서 개인적으로 아파트 이후의 주거 공간에 관심이 많다. 아파트가 도시화와 맞물려 고도 성장기에 중산층·핵가족과 상호작용하는 주거 공간이었다. 반면 중산층·핵가족 모델은 저성장·저출산·고령화 시대 진입과 함께 더 이상 이전과 같은 보편성을 얻기 힘들어졌다. 협동조합형 공공주택, 토끼집, 층층마루집이 2015년 당대의 개별 세대들이 당면한 주거와 관련된 문제와 독특한 관계를 맺고 있다. 먼저 각 사람의 주거 이력에 대해 말해 달라.

답
하나 —
이은경

어릴 적부터 대학 입학 전까지 거의 20년 간 단독주택에서 살았다. 조그마한 마당이 있는 2층 양옥집이다. 동네 사람들은 다들 서로 잘 알고 지냈고, 친구들과 함께 몰려다니며 놀았다. 나는 그 집을 굉장히 좋아했다.

house with friends. When I worked in Japan, I lived in a single room. Maybe because of this reason, I started to be interested and thought about various forms of urban housing. Now I live in an apartment.

내 방은 2층에 있었고, 테라스가 있어서 여름에 그곳에서 시간을 보내곤 했다. 대학생 시절에는 주로 기숙사에서 살았다. 유학 시절에는 친구들과 함께 집을 셰어하는 방식으로 살았다. 일본에서 일을 하게 되었을 때는 다시 방문화로 돌아갔다. 아마도 이런 경험 덕분에 다양한 도시 주거의 형태에 관심을 기울이며 함께 살아가는 형태를 고민하기 시작한 것 같다. 지금은 아파트에 살고 있다. 한국에서는 잘 지어진 단독주택을 제외하곤 일정 수준 이상의 표준적인 주거 환경을 보장해 줄 수 있는 것은 아파트밖에 없는 것 같다.

답
하나 —
강예린

서울 강서 쪽의 단독주택에서 살다가, 시민아파트, 잠실주공 아파트, 광장동과 금호동의 민간 아파트로 이사했다. 주공아파트의 기억이 생생하다. 인동간격이 1대1을 넘어서 동과 동 사이에 잔디밭이 있었고, 이곳에서 맨날 뛰어놀던 기억이 난다. 네덜란드 로테르담에서는 '큐브 하우스'에 잠시 살았다. 45도 돌아간, 문자 그대로 큐브에서 산 셈이다. 나무줄기 같은 타워 속의 계단을 3층 정도 올라가

I think it is hard to find a better housing than apartments in Korea, except for some well built detached houses.

ANSWER
One ——
Kang
Yerin

My first house was a detached house in Gangseo-gu area, and moved to citizen's apartments, Jamsil Jugong apartments, and private apartments in Gwang-jang-dong and Geumho-dong. I have vivid memories of Jugong apartments. With the pith of the buildings bigger than 1:1, it had grass fields between the buildings which I use to run around and play. I once lived in a cube house in Rotterdam, Netherlands. It was literally a cube, which was turned 45 degrees. There was a kitchen and a living room on the third floor, climbing up the stairs of the tree trunk like tower. Bedrooms and a bathroom is located on the following floor, and a lounge with a ceiling is located on the top. The common space of the house is located on the very top, which makes up a very interesting continuous composition. I am currently living in a multiplex house near my office.

ANSWER
One ——
Jo
Jinman

I lived in Daegu during the 1970s and 1980s. There weren't much apartments back then. Most people lived in houses. Like Lee Eungyung, I enjoyed the exterior spaces of the house. Apartments were diffused in Daegu during the early 1980s, and that's when we moved to an apartment. It was good for kids to play in the parking lots, because there weren't many household that owned a car back then. Because of my father's job, I never lived in the same place for more than 2 years which allowed me to experience almost every transition of the Korean housing culture. I also experienced the mansion culture, while living in Japan during middle and highschool years. Although Japanese houses are built with high density because the land price is very high, each housing space has its own distinct character. I lived in a Korean apartment later, and then lived in an apartment again later in China. Chinese apartments each have a very clear concept.

면, 나무둥지의 첫 번째 층에 거실과 부엌이 있었고, 그 다음 층은 방과 욕실이, 마지막 꼭대기에는 천정이 있는 라운지가 있다. 주거 안의 공용공간이 라운지가 제일 꼭대기에 있는 셈인데, 이 연속적인 구성이 흥미로웠다. 현재는 사무실 근처 다세대주택에 살고 있다.

답
하나 —
조진만

1970~80년대에 대구에서 살았는데, 당시에는 아파트가 별로 없었다. 다들 집장사 주택에서 살았다. 이은경과 마찬가지로 골목이나 주택에서 외부공간을 즐기는 것이 좋았다. 대구는 1980년대 초반이 되어서야 아파트 보급이 시작됐다. 그 시점에 아파트로 이사갔다. 당시 자가용 보유 가구가 많지 않았기 때문에 아이들이 주차장 등 외부 공간에서 놀기 좋았다. 아버지의 직업 때문에 한 곳에서 2년 이상 살아본 기억이 없다. 덕분에 한국 주거 문화의 변천을 거의 다 경험해봤다.
중·고등학생 시절엔 일본에서 살면서 그곳의 맨션문화를 경험했다. 일본은 지가가 비싸서 주택을 고밀도로 짓는데, 특이했던 것은 한국과 달리 친구 집에 가면 주거 공간이 다 나름의 특색을 가지고 있었다는 점이다. 한국에 와서 아파트에 있다가, 중국에서 일하면서 또 아파트에서 살았다. 중국은 아파트마다 명쾌한 콘셉트가 있다.

가양동·만리동 협동조합형 공공주택

이은경

질문

둘 —

박해천

개인적으로 가양동 협동조합형 주택이 흥미로웠다. '육아 문제를 해결해야 하는 기혼 부부'라는 최소의 공통분모를 지닌 거주자들을 위해 협동 주택을 설계해야 하는 상황이다. 건축가로서 힘들었던 문제는 무엇인가?

답

둘 —

이은경

커뮤니티를 기반으로 새로운 주거 유형을 제안하겠다는 서울시의 의도와는 달리, 실제 입주자들은 커뮤니티라는 문제의식을 공유한 상황이 아니었다는 점이다. 아이가 있는 가양동 거주자라면 누구나 지원하려고 했기 때문에 분양 당시에는 경쟁률이 꽤 높았다. 하지만 커뮤니티를 중심으로 공동육아에 관한 이해관계를 조정하는 과정을 거쳐야 했다. 그러면서 초기 입주 예정자의 절반 이상이 이탈했다. 더욱 문제는 서울시도 공동육아에 대한 어떤 방향성을 가지고 있지 않은 상태였다는 점이다. 건축가로서 어느 정도 프로그램에 대한 윤곽을 제안해야 했다. 공동육아를 위한 어린이집이니만큼, 법적 기준에 맞춰 기능을 실행할 수 있는 수준으로 제안했다. 하지만 아직까지 내부 프로그램이 결정되지 못하고 있다.

PUBLIC HOUSING IN GAYANG-DONG AND MALI-DONG

Lee Eungyung

QUESTION

Two —

Park Haecheon

I was personally interested in the cooperative house in Gayang-dong. The objective was to design a cooperative house for the 'married couple who had to solve the child care problem'. What was the most challenging problem as an architect?

ANSWER

Two —

Lee Eunkyung

Unlike the intension of the City of Seoul, which was to suggest a new housing type based on community, the actual tenants were not aware of sharing their problem as a community. The sale was competitive, because every Gayang-dong resident wanted to apply. They had to go through a process of adjusting their interest about cooperative child care as a community. Nearly half of the early predesignated tenants dropped out. The bigger problem was that the Seoul Metropolitan Government did not have a direction for the cooperative child care either. I had to suggest the outline of the program as an architect. Because it's a daycare center for cooperative child care, I suggested a program that can be functioned according to the legal standards. However, the internal program is still undecided.

QUESTION
Three
Park Haecheon

Actually, the idea of having a cooperative child care among tenants who do not know each other at all seems too utopian.

ANSWER
Three
Lee Eunkyung

The idea of this public housing came from Seongmisan community, which is a private community. They voluntarily created the cooperative child care system. In Gayang-dong's case, the only thing that they have in common is that they have a child/infant who is three years old or younger. Some of the tenants wanted to participate in the cooperative child care, but some did't want to due to the cost. Also, the income difference among the tenants were not small. Therefore, the cooperative child care problem is still not figured out. Having a private organization to run a child care program under local government support was another idea. Preposterously, it is illegal to have a daycare center. The project wasn't carefully planned enough.

QUESTION
Four
Park Haecheon

On the other hand, Gayang-dong public housing is surrounded by apartments nearby. What were your concerns?

질문
셋
박해천

사실 이전까지 전혀 서로 모르던 입주자들을 주체로 내세워 공공육아서비스를 실현하겠다는 발상 자체가 지나치게 이상적으로 보인다.

답
셋
이은경

이 아이디어는 민간의 모형인 성미산 공동체에서 온 것이다. 그곳의 경우 자발적으로 공동육아시스템을 만들었다. 하지만 가양동의 경우 24가구의 공통점은 3세 미만의 아이가 있다는 것뿐이다. 입주자 중에는 공동육아를 하고 싶다는 사람도 있었지만, 비용 문제로 신경 쓰고 싶지 않다는 사람도 있었다. 또한 입주자들의 소득 편차도 적지 않았다. 그래서 아직도 이 문제는 난항을 겪고 있다. 민간 사업자가 지자체 지원을 받아 육아 프로그램을 운영하는 것도 방법이었지만, 황당하게 이 땅이 법규상 어린이집이 들어올 수 없는 자리다. 기획 초기부터 세심하게 진행되지 않아서 아쉽다.

ANSWER
Four
Lee Eunkyung

It was originally a site for a parking lot. Because the housing had to be built on a confined space, I didn't have much choice. Some apartment tenants were against building a rental house. I tried to make it look like an apartment. I did not want the tenants to get emotionally hurt. Although it has a big yard inside the structure, it was intentionally hidden from the outside.

질문
넷
박해천

한편 가양동 공동주택은 주변 아파트들에 포위된 형국이다. 이에 대해 어떻게 고려했나?

답
넷
이은경

원래 공용주차장 부지였다. 작은 땅에 공공임대 주택을 지어야 했기 때문에, 선택지가 많지 않았다. 주변 아파트 거주자들이 임대주택 건설에 반대하기도 했다. 될 수 있으면 아파트처럼 보이도록 지으려고 했다. 거주자들이 자존감에 상처를 입지 않았으면 했다. 내부에는 큰 마당이 있지만, 외부에서는 닫혀 있는 상태로 보이도록 했다.

질문
다섯
박해천

아파트와 비교했을 때, 실내 평면의 차별성이 있나? 특히 주안점을 두었던 부분은?

답
다섯
이은경

입주자들에게 가장 중요한 건 면적과 방의 개수였다. 내가 제안한 것은 복도형이었다. 입주 가족 대부분이 3~4인 이었고 가끔 5인 가구도 있었다. 그래서 15평 이하지만 방 3개짜

QUESTION
five
Park Haecheon

Is the interior plan any different from an apartment? What was the main focus?

ANSWER
Five
Lee Eunkyung

The most important factor for the tenants was the area and the number of rooms. I proposed a corridor type. Most tenants were a family of 3 to 4, seldomly 5. Therefore, I tried to make a plan with three rooms although the house was under 50m². Also, I widened the plan to absorb much light as possible, because the windows were not facing south. It is being used as you intended?

QUESTION
Six
Park Haecheon

There is a courtyard in front of the building. It is being used as you intended?

ANSWER
Six
Lee Eunkyung

Legally, it is a parking space. The first floor is the housing parking lot, and the basement is the common parking lot. The building is built on top of the city infrastructure. Although it can only contain 20 cars, the tenants can empty the ground floor parking lot and use it for other purposes because of the basement parking lot. Having a lawn block on the ground floor parking lot, which was a demand from some tenants, was a success. The tenants want to use this space as a front yard.

QUESTION
Seven
Park Haecheon

Did Manli-dong project have less trouble compared to Gayang-dong?

ANSWER
Seven
Lee Eunkyung

The only common denominator among the people of Mali-dong is the word 'art'. They have an age group between 20s-60s, and many different types of artists. Therefore, the project was more complicated than Gayang-dong. Interesting thing is, it was difficult to come to a conclusion when we talk about community or publicness, but the tenants were much more clear about personal dwelling. Tenants prioritize 'my own space', which was similar to Gayang-dong. We decreased the community space, and made different types for family of one, two, and three. In order for cooperative housing projects to

리 평면도 만들려고 했다. 그리고 창문이 남향이 아니다보니, 빛을 잘 받을 수 있도록 아파트 평면을 좀 넓게 디자인했다.

질문
여섯 —
박해천

건물 앞에 중정이 있다. 의도한바 대로 활용되고 있나?

답
여섯 —
이은경

법적으로 주차장이다. 1층은 주택 주차장이고, 지하는 공용 주차장이다. 도시기반시설 위에 건물을 신축한 것이다. 20대밖에 주차시킬 수없는 시설이지만, 만약 지하에 공용 주차장을 만들지 않았다면, 1층 필로티에 주차장을 만들고 끝냈을 것이다. 지하의 공용 주차장 덕분에 입주자들이 1층 주차장을 비워두고 다른 용도로 사용할 수 있게 되었다. 특히 일부 입주자들의 요구를 받아들여 지상 주차장에 잔디 블록을 깔아둔 것이 주효했다. 입주자들은 이 공간을 앞마당처럼 쓰고자 한다.

질문
일곱 —
박해천

가양동에 비하면 만리동의 경우 상대적으로 수월했나?

답
일곱 —
이은경

만리동에 모인 예술가의 공통분모는 예술이라는 단어뿐이다. 연령도 20~60대까지고, 예술가의 범위도 너무 다양했다. 그러다보니 가양동보다 더 복잡했다. 재미있는 점은 공공성이나 커뮤니티에 대한 회의를 하면 결론이 쉽게 나지 않는 반면, 개인 주거를 이야기할 때는 입주자들의 입장이 명확하다. 가양동과 비슷하게 '나만의 공간'이 우선이다. 처음보다는 커뮤니티 공간이 줄어들고, 주거의 유형이 1인, 2인, 3인으로 늘어났다. 협동조합형 공공주택 건설이 계속되기 위해서는 사실 자발성이 무엇보다 중요하다. 딜레마는 그들만의 커뮤니티로 조성되는 것은 많은 것 같다는 점이다. 특정한 공동체적 삶을 원하는 사람들이 모여 공공주택을 지을 때 건축가들이 제안할 수 있는 뭔가가 재미있을 것 같은데 한계가 있다.

continue, self-motivation and voluntary attitude is very important. The dilemma is to create a community of their own. It would be interesting to suggest something as an architect when people with peculiar interest and lifestyle come together. There are some limitations right now.

토끼집

건축사사무소 에스오에이

질문
여덟 —
박해천

에스오에이의 토끼집은 소규모주택 임대서비스를 표방하면서, 이은경의 협동조합형 공공주택과는 다른 프로세스로 지어졌다. 일련의 과정을 설명해 달라.

답
여덟 —
에스오에이

토끼집의 경우 '새동네'라는 프로젝트의 일환으로 지어진 두 번째 다세대주택이다. 새동네 프로젝트는 민간이 추진한 소규모주택 임대사업으로, '오랫동안 안정적으로 거주할 수 있는 거주 조성' 프로젝트다. 최소 2년

THE RABBIT

Society of Architecture

QUESTION
Eight —
Park Haecheon

The Rabbit house by SoA claims the small scale house rental service, yet it's built with a different process from the cooperative public housing. Tell us about its process.

ANSWER
Eight —
SoA

In the case of The Rabbit house, it was a second multiplex house for the 'new village' project. New village project is a private small scale house rental business, which aims for 'creating a residence one can live stably for a long time'. The objective is to limit the increase rate of rent to 5%, starting from 2 years up to 20 years. Because the rental business is not free from social conflict and bias, it's being driven by private organizations. It is more focused on creating 'environment for various lifestyle' and new 'village', more than the rent. It is rented out to Student's Housing Alliance for 20 years, allowing its members to live.

QUESTION
Nine
Park Haecheon

If other projects contain the demand of the tenants or the contractor or the process of compromise and adjustment of interest, The Rabbit house seem as if it's designed with a imaginary tenants in mind. What kind of tenants did you imagine, and how did you define the residential conditions for it?

ANSWER
Nine
SoA

Contractor was 'New Village', and tenants are the Student's Housing Association. The demand was to spend the average expense of a multiplex housing, yet suggesting a different residential type. The contractor wanted to prove that one can bask a stable life in a relatively good environment with an economic cost.
The Rabbit house was rented as a whole to the Student's Housing Association as a whole. Because the organization has a limited type of tenants and it also actively insists on their

부터 최대 20년 동안 재계약 인상률 5% 이내로 제한해 안정적으로 거주할 수 있는 환경을 구축하는 것이다. 공공에서 '임대'의 말머리를 붙이고 추진하는 사업이 사회적 갈등이나 편견에서 자유롭지 못한데, 민간 주도로 다양한 임대주거를 보급하는 목적이다. '임대'에 초점을 맞추기 보다 '다양화된 삶의 환경'과 새로운 '동네'를 만들고자했다. 이 집은 대학생 주거연합이 20년간 임대하고, 소속 회원들이 돌아가면서 살고 있다.

질문
아홉
박해천

다른 프로젝트가 입주자나 건축주의 요구 사항과 타협하거나 이해관계를 조정하는 과정을 담고 있었다면, 토끼집은 나름대로 가상의 입주자를 모델링하며 설계한 듯 보인다. 사적 공간을 설계하면서 어떤 입주자를 상정했고 이에 따라 해결해야 할 거주 조건을 어떻게 정의했나?

답
아홉
에스오에이

건축주는 새동네고, 입주자는 대학생들의 주거연합이다. 건축주는 흔히 볼 수 있는 다세대, 다가구 주택 정도의 평균 비용을 들이지만,

residential right by creating an association, we could imagine they would be concerned about living 'together'. If people live together, they would inevitably need some shared points. The Rabbit house intended to diversify these shared points. 2nd and 3rd floor are single floor types, with 9m long shared space of kitchen-living room-terrace. 4th floor are double floor units, which share balconies on the 4th and 5th floor.

다른 모습의 거주 행태를 제안할 것을 요구했다. 이들은 '경제적인 비용으로 상대적으로 좋은 환경에서 안정된 주거생활을 누릴 수 있다'는 것을 실현해보이고 싶어 했다.

토끼집은 각 세대를 구분하지 않고 통째로 대학생주거연합에 임대했다. 입주자의 유형이 제한되어 있다고도 볼 수 있고 '연합'을 이루면서 적극적으로 주거권을 주장하고 있는 집단이기 때문에, '모여서 산다'는 지점에 대해서 고민할 것이라 생각했다. 모여서 살게 되면, 당연히 공유할 수밖에 없는 지점이 생기는데, 토끼집은 이 공유의 지점을 다양화하려고 했다. 2~3층은 단층유형으로, 부엌-거실-테라스까지 이어지는 9m 정도되는 내부의 긴 공유공간을 가지고 있다. 4층에는 두 세대의 복층유형세대인데, 4~5층의 발코니를 공유할 수 있다.

질문
열
박해천

4층의 공간을 다락이 있는 복층형 구조로 설정한 이유는 무엇인가?

답
열
에스오에이

아파트 평균 층고가 2.2~2.4m다. 토끼집에 살게 되는 사람

QUESTION
Ten
Park Haecheon

What was the reason to design the 4th floor into a double floor structure with a loft?

ANSWER
Ten
SoA

The average story height of an apartment is 2.2~2.4m. Most tenants of The Rabbit house will be in their 20s, who are born in Korea after apartments became the standard residential unit. Even our generation have started our lives in detached houses and moved into an apartment some point of our lives. But, many young people are born in an apartment and live in an apartment all their lives. I wanted to reveal a vertical aspect of a house to this generation. It showed the vertical composition of the house by having a space created from sunlight limitation as a dual structure in the loft.

QUESTION
Eleven
Park Haecheon

Namgajwa-dong, where The Rabbit house is located, are crowded with multiplex houses. Did you have any considerations about the surrounding context?

ANSWER
Eleven —
SoA

I like this one photo taken while recording the newly built building. In the picture, it seems like the multiplex housing is fighting against the Gajaeul Newtown apartments. The current multiplex concentrated area was originally a site for detached houses, which building-to-land ratio, floor space ratio, and site scale was estimated. It endured crowded population of Seoul during 1970s and 80s. If calculated, it has a higher density than apartments. Because it is a detached housing site with a high building-to-land ratio and floor space ratio, it has a smaller gap between the alley and the houses. Also, walls built between the houses create a dark, abandoned land is created in the between spaces. Fortunately, we were able to demolish the wall because The Rabbit house is the first 'New Village' house. We created a useful shared yard, and the remaining yard on the side was given to the other village, creating a new way on the dead end alley.

들은 대개 20대고, 아파트가 한국에 정착된 이후에 태어난 세대다. 우리만 해도 자가건 아니건 단독주택에서 출발해서 인생의 귀퉁이에서 아파트란 유형이 들어선 상황이다. 하지만 지금은 많은 친구들이 아파트에서 태어나서 아파트에서 산다. 이들에게는 경험될 수 있는, 엇비슷한 평면과 낮은 층고가 있다고 생각해서, 집의 수직적인 면모를 드러내고 싶었다. 일조사선제한을 반복하면서 나오게 된 위층 공간을 다락의 중층구조로 둠으로써, 주택에 수직적인 구성을 보였다.

질문
열하나 –
박해천

토끼집이 위치한 남가좌동 주변은 다세대, 다가구 주택들이 몰려 있다. 설계시 특별히 동네의 장소성을 고려한 점이 있나?

답
열하나 –
에스오에이

신축 후 건물을 기록하면서 가장 마음에 드는 사진이 있다. 저 멀리 가재울뉴타운 아파트가 있고, 다세대, 다가구 주택이 거기에 맞서고 있는 것처럼 보이는 사진이다. 다세대 다가구 주택 밀집지역은 원래 단독주택을 위한 필지로, 여기에 맞춤하여 필지 규모나 건폐율 용적률이 산정되었던 곳이다. 1970~80년 서울로 몰려든 인구를 감내한 땅이다. 셈해보면 아파트보다 더 고밀도의 지역이다. 단독주택 부지에 건폐율과 용적률만 높이다 보니, 골목과 집 사이가 좁다. 거기다가 집 사이에 담까지 축조하다 보니, 늘 어둡고 버려진 땅이 사이 공간에 놓여진다. 다행히 토끼집 앞이 새동네 1호 집이라 이 사이의 담을 없앨 수 있었다. 꽤 쓸만한 공유마당을 만들었고 그 옆 마당은 동네에 내어줘 막다른 골목에 새 길을 텄다.

판교 층층마루집

조진만

질문
열둘 —
박해천

층층마루집은 앞선 집들과 정 반대 편에 있다. 관련된 신문 기사를 봤을 때 단독주택에 대한 한국인의 로망이 떠올랐다. 특히 대문과 정원 그리고 정원을 통해서 집으로 들어가는 시청각적 시퀀스는 그 로망의 정점인데, 층층마루는 이 경험의 시퀀스가 완벽하게 삭제됐다. 심지어 이 주택은 3층짜리 아파트처럼 보이기도 한다. 3대 가족이 함께 거주하는 집을 설계하면서 초점을 맞춘것은 무엇이었나?

답
열둘 —
조진만

의도하지 않았지만, 의외로 아파트와 이질감이 별로 없을 거 같다. 몇가지 이슈가 있는데 첫 번째 대지가 택지개발지구다. 외장 재료나 모형은 달라도, 삶의 방식은 하나였다. 시퀀스가 있지만 건축주가 살게될 대지가 낯설었다. 주변을 보니 자칫 판박이 주택이 될 가능성이 높았다. 조금 다른 것을 찾을 수 없을까 생각했다. 두 번째

LAYERED TERRACE HOUSE

Jo Jinman

QUESTION
Twelve —
Park Haecheon

Layered Terrace House is located on the opposite side from the other houses. It reminded me of the romance of the Korean people towards the detached house. The audiovisual sequence through the gate, garden, to the entrance is the peak of the romance. However, the Layered Terrace House completely eliminates this sequence. It even looks like a 3 story apartment. What was your main focus while designing a house for 3 generations to live together?

ANSWER
Twelve —
Jo Jinman

I did't necessarily mean it, but it unexpectedly does not have much difference from apartments. Among several issues, the first was that it's in a housing site development district. Although exterior

materials and form may seem different, the way of life was the same. There is a sequence, but the site was unfamiliar to the client. Looking around the neighborhood, I thought it could easily become a stereotypical house. I wanted to build something different.
I wanted to make a different second courtyard and corridors. The final outcome wasn't my original intension. It changed by the demand of the client.

QUESTION
Thirteen —
Park Haecheon

That's very interesting. Korean houses—even apartments— feature the core part of the house as you open the main entrance. It is a peculiar obsession. However, you can't see the courtyard and the living room unless you follow a stiff corridor in this house.

ANSWER
Thirteen —
Jo Jinman

There wasn't any specific request about the space composition. However, the area and the number of rooms were important. Unusual system was created during the process of accepting various demands. The rooms have a tidy structure. I wanted to break the awareness of the room scale. I wanted to create a structure that can be passed through, even if it means the rooms will become smaller. Thinking on the other side, one has to pass quickly if it's meant for 1 person to pass. I made my point and persuaded the

중정과 복도를 다르게 해보고 싶었다. 최종 결과물은 처음부터 구상했던 것이 아니다. 건축주에 의해 디자인이 계속 변했다.

질문
열셋 —
박해천

그런 면에서 흥미롭다. 한국의 집, 특히 아파트도 다 마찬가진데, 보통 현관문을 여는 순간 그 집의 핵심부가 눈앞에 펼쳐진다. 묘한 집착이다. 그런데 이 집은 문을 들고 꽉 막힌 복도를 따라 돌아가고 나서야 거실과 중정이 펼쳐진다.

답
열셋 —
조진만

공간적인 구성에 대한 특별한 요구는 없었다. 다만 면적이랑 방의 개수가 중요했다. 여러 요구사항을 수용하다 보니, 부수적으로 독특한 시스템이 만들어졌다. 방들이 아담한 구조로 되어 있다. 우리가 익숙한 방의 크기에 대한 인식을 깨고자 했다. 결국 조화로운 측면에서 방이 좁더라도, 서로 지나다닐 수 있는 만날 수 있는 구조를 만들고자 했다. 거꾸로 생각하면, 한 명이 지나다닐 수 있는 구조에서는 빨리 지나가야 한다. 하지만, 한명이 지나가면서 얘기를 하면서 교차

client about the possibility of communicating with others on their way to other spaces. I treated every space as an element of condignity.

하면서 소통할 수 있는 가능성이 있지 않나? 이런 부분에 대해 설득을 했다. 모든 공간을 등가적인 요소로 간주하고자 했다.

질문
열넷 —
박해천

또 한편으론 두 개의 기둥처럼 서로 마주 보며 올라가는 구조인데, 이 집에 거주하는 사람들이 다른 공간의 가족을 잘 볼 수 있도록 연출되어 있다. 외부에는 폐쇄적이지만 내부는 무척 개방적이다. 창문과 공간을 프레임으로 삼아 일종의 미장센처럼 연출하려는 듯 보이기도 한다.

답
열넷 —
조진만

외관이나 중정의 모양보다는 이동하면서 볼 수 있는 풍경이 중요하다고 생각했다. 그런 공간이 잘 재현되면 거주자가 오감을 통해서 느낄 수 있다. 너무 기능적인 명확한 분리가 공간적인 가능성을 제한시키는 측면이 있다. 그런 것들에 대한 의도적인 무관심이 더 다양한 가치를 만드는 게 아닐까?

QUESTION
Fourteen —
Park Haecheon

It also has a face-to-face structure, like two columns. It is planned so that one can see the other space and the family member easily. It may be closed from the outside, but it is very opened in the inside. It almost seems like you are directing some sort of a mise en scene using windows and space as frames.

ANSWER
Fourteen —
Jo Jinman

I thought the scenery during the movement is more important than the exterior or the courtyard. If this kind of space is represented well, the resident can feel it with their senses.
A clear functional division can limit the spatial possibility. Maybe the intensional carelessness creates more various values.

QUESTION
Fifthteen —
Park Haecheon

As I stated above, the Layered Terrace House destroys the romance towards detached houses of 50~60 year olds. One of the important element in a two story Western style house is the half story high sitting room. The desire to sit on a sofa in the sitting room and observing the garden is totally eliminated in the Layered Terrace House. The eyes in the interior intimately intersect, but the eyes towards the exterior is very limited.

ANSWER
Fifteen ——
Jo
Jinman

There is no publicness in the streets, which is the most common story. It means its too closed. The important thing is how enrich the closeness is. A house does not have to intimately communicate with the outside. To the residents, the house is a city itself. I tried to emphasize the openess of the complex eyes and routes inside the house. I also tried to filter the scenery from the roof. It's because it is densely surrounded by neighboring houses.

QUESTION
Sixteen ——
Park
Haecheon

One of the alternative ideas that came up on the early 2000s as the large scale apartments emerged was to split the plan in half for the parents and the younger generations to share. There were apartments that shared a kitchen and had everything else separated in two wings, which eventually failed. Layered Terrace House has a structure so that the residents would be forced to intersect with one another. Is this possible because they live with the wife's parents, who can help raise the children?

ANSWER
Sixteen ——
Jo
Jinman

The client's family did not come to a complete agreement at first. The families of aunt and uncle, and the oldest daughter had a clear demand, while the

질문
열다섯 –
박해천

앞에서 이야기했지만 층층마루는 단독주택에 대한 50~60대의 로망을 깨뜨린 부분이 있다. 2층 양옥집에서 중요한 요소중 하나는 반 층 높이의 응접실이다. 응접실의 소파에 앉아 정원을 거쳐 바깥을 내려다보려는 거주자의 욕망이 층층마루에서는 완전히 누락된다. 내부의 시선들이 서로 긴밀히 교차하지만 외부로 향하는 시선은 제한적이다.

답
열다섯 –
조진만

가장 흔한 이야기가, "가로의 공공성이 없다" 즉 너무 폐쇄적이라는 말이다. 그게 얼마나 농축된 폐쇄성인지가 중요하다. 주택이 반드시 외부와 긴밀하게 소통할 필요는 없다. 안에 사는 사람들에게 집은 하나의 도시다. 주택 내부에서 복잡한 시선과 동선들의 열림과 펼침을 더 강조하려고 했다. 그리고 옥상의 풍경은 걸러서 보여주고자 했다. 사방이 다 인근주택들로 조밀하게 둘러싸여 있기 때문이었다.

질문
열여섯 –
박해천

2000년대 초반 용인에 대형 평형대의 아파트가 등장하면

parents were much more conservative. Much have changed as they mediated their disagreements. It almost felt like designing a public housing, because of the different demands. It needed a proper zoning. I wanted to create spaces that are not expressed on the plan and deconstruct the walls and floors, which were different from apartments.

서 대안으로 나온 아이디어가 평면 절반을 나눠 부모와 자녀 세대가 함께 사는 방식이었다. 날개처럼 디자인해서 부엌만 공유하고 거실까지 따로 쓰도록 설계한 아파트가 있었는데 실패한 걸로 알고 있다. 층층마루집은 내부 거주자들이 긴밀하고 빈번하게 서로 동선과 시선이 교차할 수밖에 없는 구조로 짜여 있다. 역설적으로 시부모님이 아니라, 육아를 책임져줄 친정 부모랑 함께 살기 때문에 이런 구조가 가능한 것이 아니었나?

답
열여섯 -
조진만

건축주의 가족이 모두 완전하게 이해하고 승낙한 것은 아니다. 이모와 삼촌, 그리고 맏딸 가족은 그 나름의 명확한 요구가 있었고 부모님은 보수적이었다. 서로 이견을 조율하며 많이 바뀌었다. 각자의 요구 사항이 달라 공동주택을 설계하는 느낌이 들기도 했다. 적당히 조닝이 필요했다. 아파트와는 다르면서도, 도면에 표현되지 않는 공간을 만들고 싶었고, 벽과 층을 해체하고 싶었다.

Malli-dong Public Housing

Gayang-dong Public Housing

EMA Architects & Associates

만리동 예술인 협동조합형 공공주택

가양동 협동조합형 공공주택

이엠에이 건축사사무소

Malli-dong Public Housing
만리동 예술인 협동조합형 공공주택

설계 이엠에이 건축사사무소(이은경)
설계담당 차미정, 박수지, 어혜령
위치 서울시 중구 만리동 2가 218-105외 1필지
용도 단지형 다세대주택, 근린생활시설
대지면적 1327.4㎡ 건축면적 493.75㎡
연면적 2577.92㎡ 규모 지상 5층, 지하 1층
높이 15.25m 주차 22대 건폐율 37.2%
용적률 145.84% 구조 철근콘크리트
외부마감 스타코, 포쉐린타일
내부마감 석고보드 위 벽지
구조설계 서울구조건축사사무소(주)
시공 대흥토건(주)
기계설계 세아엔지니어링(주)
전기설계 (주)대성 tec.
설계기간 2013.7.2. — 2014.2.28.
시공기간 2014.4.17. — 2015.3.6.
건축주 에스에이치공사

ARCHITECT EMA Architects & Associates(Lee Eunkyung)
DESIGN TEAM Cha Mijung, Park Soojee, Eo Hyelyung
LOCATION 218-105 Malli-dong 2-ga, Jung-gu, Seoul, Korea
PROGRAMME multi-family housing, community facility
SITE AREA 1327.4m² BUILDING AREA 493.75m²
GROSS FLOOR AREA 2577.92m² BUILDING SCOPE 1B, 5F
HEIGHT 15.25m PARKING 22
BUILDING TO LAND RATIO 37.2%
FLOOR AREA RATIO 145.84% STRUCTURE RC
EXTERIOR FINISHING stucco, porcelain tile
INTERIOR FINISHING plasterboard, wallpaper
STRUCTURAL ENGINEER Seoul Architects & Structural Engineers co.
CONSTRUCTION Daeheung co.
MECHANICAL ENGINEER Seah Engineering co.
ELECTRICAL ENGINEER Deasung tec co.
DESIGN PERIOD Jul. 2013 — Feb. 2014
CONSTRUCTION PERIOD Apr. 2014 — Mar. 2015
CLIENT SH corporation

만리동 주택은 사용자의 요구 사항이 기획까지 영향을 주었다. 서울시는 애초 예술 작품 생산을 목적으로 하는 1인 가구가 모인 레지던시를 계획했지만, 가족을 중심으로 오래도록 거주하며 커뮤니티를 만들어야 예술적 재능을 지역사회와 공유할 수 있다는 제안으로 29명의 예술가 가족을 위한 집으로 전환했다. 공동체 중심의 소규모 공동주택은 도시의 유무형 조직의 점진적 변화를 만들어내는 대안적 방법이다.

대지 바로 옆에는 옛 달동네였던 곳이 대규모로 재개발되고 있다. 재개발로 일순간에 사라지고 다시 건설되는 지역은 재개발 전에는 개발 이익에 저당 잡힌 시간이 멈춘 일상공간이 있었고 재개발 이후에는 고급 주택화가 일어난다. 이에 비해 소규모 공동체 중심 공동주택은 필지 단위로 기존 도시 조직에 흡수되며 더 나아가 주거공동체 문화를 주변으로 파급시키는 효과를 기대할 수 있다.

The requirements of users of Malli-dong Cooperative Public Hosing for Artist eventually influenced the planning of the house. The Seoul Metropolitan Government originally planned to create a type of residency where single member family units could gather for the purpose of producing art; instead, the house was transformed into a house for 29 artists and their families, as they suggested that long term residence based on families to create a community could help them share their artistic talents with the regional society. Small-scale shared houses based around communities can be an alternative method for creating gradual changes in the tangible and intangible organisms that inhabit the city.

Currently, large-scale redevelopment is taking place right next to the site; a place that was once an old shanty town. Regions subject to redevelopment undergo demolition and reconstruction overnight; before this process, daily life comes to a stand still due to the houses being seized as collateral for profitable development, while thereafter, gentrification sets in. The sites of small scale shared houses based upon communities are absorbed into the existing urban fabric, and furthermore can be anticipated as an effective means to disseminate the culture of communal living.

만리동 예술인 협동조합형 공공주택

MALLI-DONG PUBLIC HOUSING

긴 복도와 테라스 등 다양한 공유공간이 있다.
There is terrace, alley, outward path and public spaces.

공동체 중심의 소규모 공동주택은 도시의 유무형 조직의 점진적 변화를 만들어내는 대안적 방법이다.
Small-scale shared houses based around communities can be an alternative method for creating gradual changes in the tangible and intangible organisms that inhabit the city.

다양한 행사가 열리는 마당
Various events held in the yard

만리동 예술인 협동조합형 공공주택

만리동 주택은 사용자의 요구 사항이 기획까지 영향을 주었다.
The requirements of users of Malli-dong House eventually influenced the planning of the house.

240

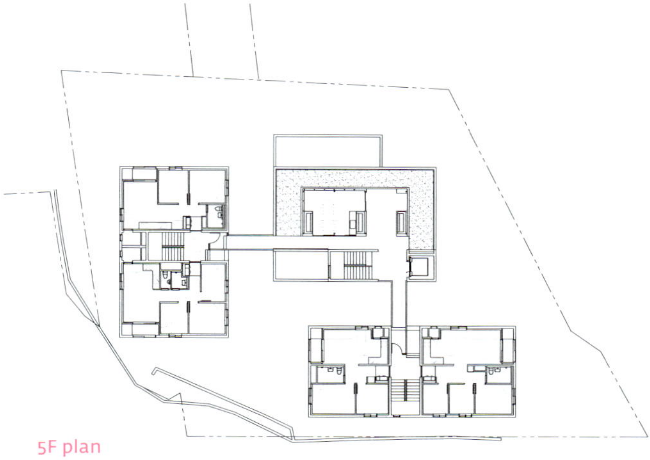
5F plan

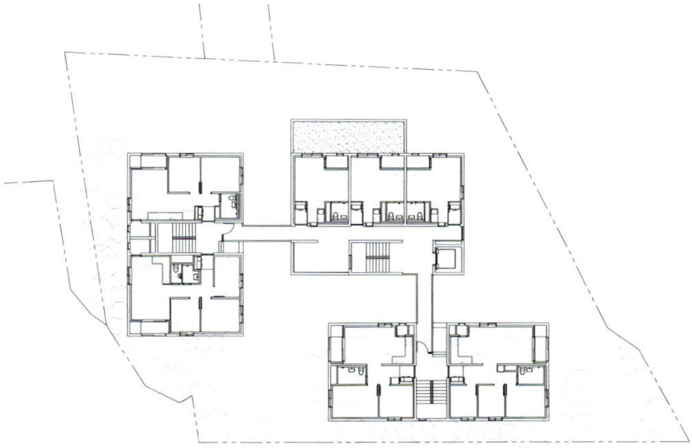
3F plan

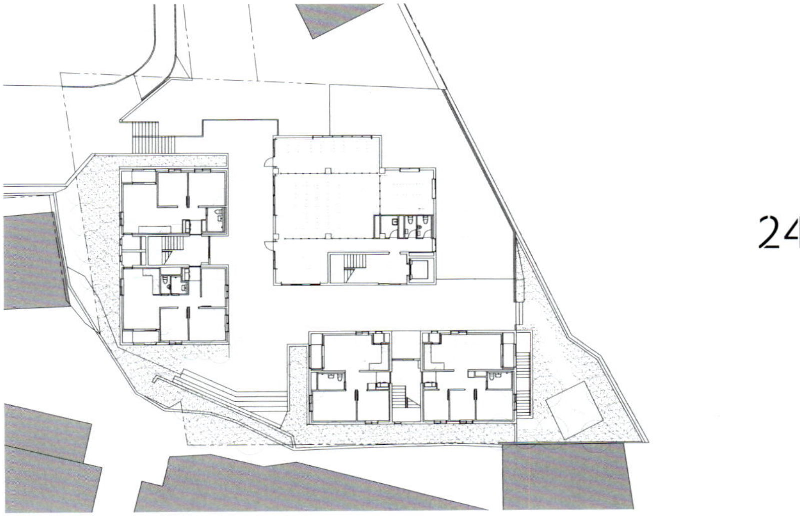
1F plan

Gayang-dong Public Housing
가양동 협동조합형 공공주택

설계 이엠에이 건축사사무소(이은경)
설계담당 차미정, 박수지
위치 서울특별시 강서구 가양동 1494-3번지
용도 공동주택, 노유자시설, 자동차 관련시설
대지면적 1,261.8㎡ 건축면적 415.96㎡
연면적 2,588.15㎡
규모 지상 6층 지하 1층
주차 34대 높이 19.18m
건폐율 32.97% 용적률 154.99%
구조 철근콘크리트
외부마감 스타코, 포쉐린타일
구조설계 (주)서울구조건축사사무소
시공 (주)신한공영
기계설계 (주)세아엔지니어링
전기설계 (주)대일이엔씨기술
조경 (주) 환경디자인아르떼
설계기간 2012.12 – 2014.05
시공기간 2013.09 – 2014.08
건축주 SH공사
사진 류어진

ARCHITECT EMA Architects & Associates(Lee Eunkyung)
DESIGN TEAM Cha Mijung, Park Soojee
LOCATION 1494-3, Gayang-dong, Gangseo-gu, Seoul Korea
PROGRAMME multi-family housing, community facility
SITE AREA 1,261.8m²
BUILDING AREA 415.96m²
GROSS FLOOR AREA 2,588.15m² BUILDING SCOPE B1, 6F PARKING 34
HEIGHT 19.18m
BUILDING TO LAND RATIO 32.97%
FLOOR AREA RATIO 154.99%
STRUCTURE reinforced concrete
EXTERIOR FINISHING stucco, porcelain tile
STRUCTURAL ENGINEER Seoul Architects & Structural Engineers co.
CONSTRUCTION Shinhan co.
MECHANICAL ENGINEER Seah Engineering co.
ELECTRICAL ENGINEER Daeil ENC.
DESIGN PERIOD Dec. 2012 – May 2014
CONSTRUCTION PERIOD Sep. 2013 – Aug. 2014
CLIENT SH corporation
PHOTOGRAPHED Rew Aujin

가양동 주택은 인근의 '임대'주택에 대한 반대, 이로 인한 시공 지연으로 입주를 포기하는 가족들, 도심 작은 공영주차장 부지를 활용한 복합개발 등 시범사업이 가진 여러 시행착오를 거치면서 완공에 이르렀다. 이 프로젝트는 임대아파트, 민간아파트, 공원, 복합문화센터가 만나는 경계지점에서 외부 환경으로부터 보호되는 마당을 두어 거주자들의 커뮤니티를 형성한다. 공동 육아공간은 데크를 통해 아이들이 쉽게 마당으로 접근하도록 하며 가변적인 방들을 두어 나이가 들며 필요한 공간적 변화에 대응하도록 계획했다.

평면은 채광과 환기를 고려해 복도를 따라 길게 펼쳐진다. 복도는 수직적 마당의 연장이다. 외부를 향해서는 부부방과 거실을 두고 복도를 향해서 주방과 아이방이 면하도록 했다. 거실-주방-복도-마당으로 사적인 공간에서 공유하는 공간으로 점진적 전환이 이루어지며 그 사이의 복도는 햇빛이 드는 공동의 발코니로 사용된다. 지면 층의 육아 공간과 함께 마당과 공동 발코니는 이웃과 항상 대면하는 장소가 된다.

Gayang-dong Cooperative Public housing is a project that was completed despite experiencing various obstacles typical of experimental projects such as the neighborhood's objection to 'rental' housing, families who gave up moving in due to construction delay, and complex development issues small public parking lots in city center.

This project focuses on fostering a sense of community by creating a private garden. The rental apartments, privately owned condominiums, a park and a culture surround the garden, guaranteeing its privacy. A deck makes access from the communal childcare rooms to the garden easy, and the rooms are flexibly designed to allow for the demands of different age groups.

The floor plan is stretched along the corridor to maximize daylight and ventilation. The corridor is an extension of the vertical garden. Master bedrooms and living rooms face the outdoors while the kitchen and the children's bedrooms face the corridor. The gradual transition from private to shared spaces can be seen in the movement from the living room to kitchen to corridor and finally to the garden. The corridor between each unit is also functions as a sunny common balcony. The garden, the common balcony and the nursery space on the ground floor facilitate serendipitous meetings with one's neighbors.

복도는 수직적 마당의 연장이다.
The corridor is an extension of the vertical garden.

평면은 채광과 환기를 고려해 복도를 따라 길게 펼쳐진다.
The floor plan is stretched along the corridor to maximize daylight and ventilation.

가변적인인 방들을 두어 필요한 공간적 변화에 대응 하도록 계획했다.
The rooms are flexibly designed to allow for the demands of different age groups.

데크를 통해 아이들이 쉽게 마당으로 접근하도록 했다.
A deck makes access from the communal childcare rooms to the garden easy.

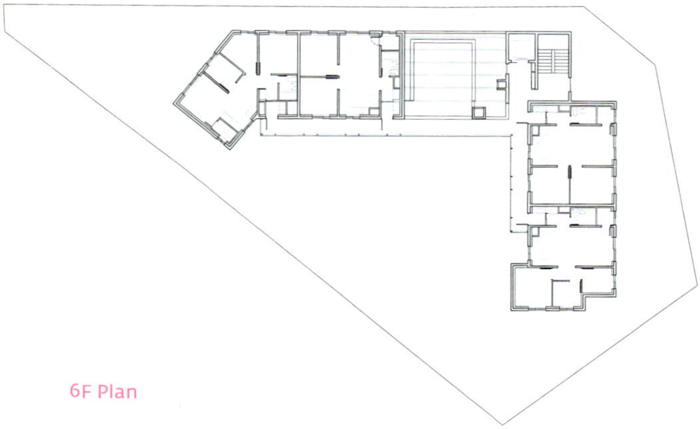

6F Plan

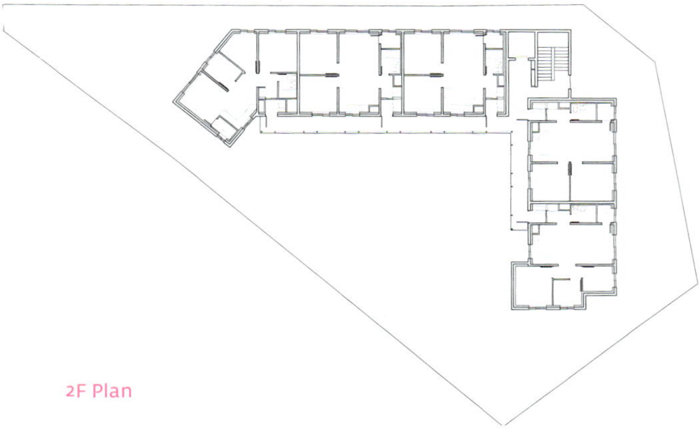

2F Plan

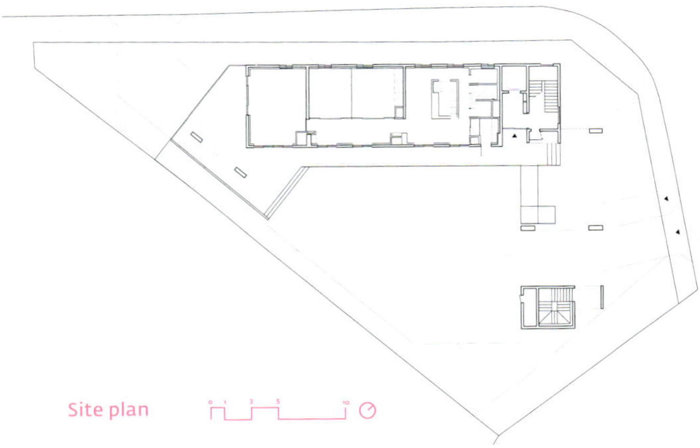

Site plan

248

외부 환경으로부터 보호되는 마당을 두어 거주자들의 커뮤니티를 형성한다.
This project focuses on fostering a sense of community by creating aprivate garden.

8th Korean Young
Architects Awards 2015

강예린, 이재원, 이치훈:
건축사사무소 에스오에이
Society of Architecture
(SoA)

이은경:
이엠에이 건축사사무소
EMA Architects
& Associates

조진만:
조진만 아키텍츠
Jo Jinman Architects

제8회 젊은건축가상 2015

강예린, 이치훈,
이재원(건축사사무소
에스오에이)
이은경(이엠에이
건축사사무소)
조진만(조진만 아키텍츠)

제1판 2쇄
2016년 1월 27일

발행인
김기현

발행처
시공문화사

등록
1993년 3월 12일

주소
서울시 서대문구 현저동
200
극동빌딩 5층

전화
02-3147-1212, 2323

팩스
02- 3147-2626

이메일
spacetime@korea.com

홈페이지
www.spacetime.co.kr

엮은이
심영규

사진
신경섭

글
임근준
박해천

다큐멘터리
공을채

진행
임선희
새건축사협의회

편찬위원
한형우
이규상
이주연

번역
「SPACE(공간)」 번역관

아트디렉터
크리스로

디자인
김정욱
권나영
황승민

주최
문화체육관광부

주관
새건축사협의회
한국건축가협회
한국여성건축가협회

후원
한국문화예술위원회

인쇄
신일

이 책은 국민체육진흥투표권
공익사업적립금을 보조받아
발간되었습니다.

Kang Yerin,
Lee Chihoon,
Lee Ja Weon
(Society of
Architecture)
Lee Eunkyung
(EMA Architects
& Associates)
Jo Jinman
(Jo Jinman Architects)

Publishing Date
January 27th 2016

Publisher
Spacetime Publishers
5F Kukdong bldg.,
200 Hyeonjeo-dong,
Seodaemun-gu, Seoul,
Korea

Telephone
+82-2-3147-1212
+82-2-3147-2323

Fax
+82-2-2137-2626

E-mail
spacetime@korea.com

Website
www.spacetime.co.kr

Editor
Shim Youngkyu

Photography
Kyungsub Shin

Text
Geun-jun LIM
Park Haecheon

Documentary
Kong Eulchae

Production Assistant
Lim Sunhee
Korea Architects
Institute

A Compilation
Committee
Hyungwoo Han
Kusang Lee
Jooyeon Lee

Translation
SPACE magazine

Art Direction
& Design
Chris Ro

Design
Jung Wook Kim
Nayoung Kwon
Seungmin Hwang

Host
Ministry of Culture,
Sports and Tourism

Supervision
KAI, Korea Architects
Institute
KIA, Korean Institute
of Architects
KIFA, Korean Institute
of Female Architects

Sponsor
Arts Council Korea

Printing
Shinil

Printed in Korea

29-8